El olor de las almendras amargas

ARCA DE DARWIN

[18]

El olor de las almendras amargas

Un paseo por la ciencia de los venenos
y su presencia en el arte y la ficción

Daniel Torregrosa

menos**cuarto**

Arca de Darwin
Colección dirigida por JOSÉ RAMÓN ALONSO

© Daniel Torregrosa
© de esta edición, Menoscuarto Ediciones, 2024

Primera reimpresión: octubre, 2025

ISBN: 978-84-19964-14-4
Dep. Legal: P-57/2024

Diseño de cubierta: GRUPO ANTENA
Corrección de pruebas: BEATRIZ ESCUDERO
Impresión: GRÁFICAS ZAMART (PALENCIA)

Printed in Spain - Impreso en España

Edita: MENOSCUARTO EDICIONES, S. L.
C/ Italia, 49
34004 PALENCIA (España)
Tfno. y fax: (+34) 979 70 12 50
correo@menoscuarto.es

*Dedicado a la memoria
de los* praegustatores

«Lo que para unos es comida, para otros es amargo veneno.»

LUCRECIO, *De rerum natura*

«El universo de los venenos es tan variado como variados son los misterios de la naturaleza.»

UMBERTO ECO, *El nombre de la rosa*

«Era inevitable: el olor de las almendras amargas le recordaba siempre el destino de los amores contrariados.»

GABRIEL GARCÍA MÁRQUEZ,
El amor en los tiempos del cólera

ÍNDICE

Introducción

«Aquí dice que eres químico... ¿Sabes hacer pastillas?»

El estereotipo negativo hacia mi titulación me ha perseguido durante décadas, pero comenzó cuando tuve que hacer el servicio militar obligatorio. Nada más llegar al cuartel donde hice la instrucción, el primer mando que me tomó los datos y descubrió que era químico me hizo la pregunta 'pastillera'. Mi reacción fue de incredulidad y en cuanto me recuperé del impacto inicial le pregunté que a qué tipo de pastillas se refería. «Pastillas, hombre, ¡pastillas!», me respondió moviendo su cuerpo como si estuviera tocando una batería imaginaria sin baquetas. Entonces caí en la cuenta y lo comprendí. Eran los 90, los años de la ruta del *bakalao* y en los que Chimo Bayo llenaba las pistas de baile con un tema que se titulaba *Química*. Si lo buscáis para escucharlo, no me hago responsable de sus efectos secundarios. Siempre me quedará la duda sobre qué hubiera sido de mi cumplimiento con la patria en caso de haber respondido afirmativamente a tan insólita pregunta.

Durante más de diez años he impartido numerosas charlas sobre los venenos en la historia, el cine o la literatura a lo largo de toda la geografía nacional. Es un tema que suscita mucho interés y que da mucho juego para hablar de química, toxicología y de la historia de la ciencia. He estado hablando de venenos en bares, eventos de todo tipo, ferias de la ciencia, semanas de novela negra..., llegando a lo más alto cuando en 2019 me llamaron para pronunciar la conferencia inaugural de los cursos de doctorado de la Facultad de Farmacia de la Universidad de Sevilla. Y siempre –también ese día– en los turnos de preguntas finales recibo la misma pregunta: ¿Hay algún veneno indetectable? La respuesta a esta pregunta tan popular e inquietante, y a muchas más, la encontrarán en las páginas de este libro.

La historia del veneno es, en cierto sentido, la historia de la humanidad. Un artículo publicado a finales de 2020 en la revista *Journal of Archaeological Science* exponía, tras el análisis de 445 piezas datadas en la Edad de Piedra, la posibilidad de que en el sur de África se usaron puntas de flecha de hueso envenenadas desde hace 72.000 años. Las sustancias ponzoñosas nos han acompañado durante miles de años y su evolución con un uso criminal ha ido de mano de la ciencia. Aparte de su uso más oscuro, los venenos han sido objeto de investigación en farmacia y medicina, se utilizaron como modelos para el estudio de enfermedades y para su tratamiento. También hay que destacar su presencia en el mundo judicial, desde los inicios de la toxicología forense, pero mucho antes con la *Lex Cornelia* romana en el siglo I a. C., que promulgó una serie de penas para aquel o aquellos que almacenaran, prepararan o utilizaran venenos. Penas que iban desde la crucifixión para la plebe hasta la decapitación para los nobles (siempre ha habido clases). También los venenos se usaron como herramienta para la pena de muerte, como la cicuta en el caso de Sócrates o la aconitina en la Edad Media. Y más recientemente, cada cierto tiempo encontramos algún caso sonado de uso de los venenos para la eliminación de incómodos rivales políticos o antiguos espías.

La ingestión es la vía de penetración más empleada para conseguir los efectos de daño y muerte, pero no es la única.

También se puede conseguir eliminar a alguien por el contacto con una sustancia por vía inhalatoria, por vía dérmica y, por supuesto, inyectando una sustancia letal. Pero son las excepciones, porque la gran mayoría de envenenamientos, ya sea en la historia o la ficción, han ido acompañados de bebida y comida.

La química al servicio del mal ha sido una constante en la historia de la humanidad, algo que para el mundo de la ficción y el arte no ha pasado desapercibido. Las referencias a los venenos inundan novelas, poemas, obras de arte de todo tipo, películas de cine y series de televisión. La palma se la lleva un género concreto, el de la novela y el cine negro, pero también los encontramos en la mitología clásica o en la ciencia ficción.

He querido dedicar este libro a los *praegustatores,* los catadores de venenos de la antigua Roma, ya que me dedico a la salud y seguridad laboral desde hace más de 25 años y los considero víctimas ejemplares de accidentes y enfermedades profesionales. Ser un *praegustator* no era una tarea fácil ni exenta de riesgos. Estos valientes debían enfrentarse a la posibilidad de envenenarse en cada comida, sacrificando su propia seguridad por el bien de su amo. Sin embargo, el cargo también conllevaba ciertos privilegios, como el acceso a los banquetes y la cercanía al poder. Los *praegustatores* eran una parte importante y muy curiosa de la sociedad romana antigua. La posibilidad de ser envenenado cuando se visitaba a algún amigo, o incluso en nuestra propia casa, debía de ser algo digno de presenciar.

Y sin más preámbulo, les dejo con un paseo por los venenos en la historia, el arte y la ficción. Espero que no sea un paseo amargo, como el que nos evoca el escritor Gabriel García Márquez en el comienzo de uno de sus libros y que da título a este que tienen en sus manos. Por cierto, ese sabor característico cuando tenemos la mala suerte de comer una almendra amarga viene dado principalmente por el benzaldehído que surge de la hidrólisis de la amigdalina, más que por el cianuro. Y aunque es cierto que si consumimos alguna almendra amarga estamos en realidad ingiriendo cianuro, se necesita una cantidad muy alta para producir la muerte. Antes moriríamos de asco.

CURSO ACELERADO DE TOXICOLOGÍA

Enfrentarse a este libro requiere de unos pequeños recursos de toxicología muy básicos. Será rápido e indoloro, no se preocupen. Y vaya por delante mi disculpa, por la simplificación conceptual de una ciencia tan compleja y multidisciplinar como es la toxicología. Una advertencia inicial: no practiquen en casa lo que aprendan aquí... Háganlo en la casa de otro.

LA DOSIS HACE AL VENENO

Theophrastus Phillippus Aureolus Bombastus von Hohenheim (1493-1541), más conocido como Paracelso, fue un alquimista y filósofo natural suizo que dedicó toda su vida a cualquier campo que se le pusiera por delante: medicina, astrología, metalurgia, alquimia... Se caracterizaba por su fuerte personalidad, rechazaba las verdades heredadas y fue todo un visionario. Su nombre hace alusión directa a que iba «más allá de Celso». Algo que le llevó a romper con las ideas preconcebidas del médico romano Auro Cornelio Celso, quemando en público sus libros junto con los de otros referentes de la época como Avicena y Galeno. Paracelso afirmó que las enfermedades tenían su origen en agentes de tipo externo, simplificó las for-

17

mulaciones medicinales y fusionó la cirugía con la medicina, a pesar de que en su época estas disciplinas se encontraban separadas. Sin embargo, en el ámbito de la toxicología, Paracelso es principalmente conocido por su famosa afirmación *Dosis sola facit venenum* (la dosis hace al veneno), la cual se encuentra en su tratado *Septem defensiones*, publicado en 1538. Por esta frase se le considera como el padre de la toxicología, algo demasiado atrevido en mi opinión. A pesar de su megalomanía, con sus controversias y desacuerdos con la medicina tradicional de su época, dejó un legado duradero en la medicina y la farmacología, contribuyendo a la evolución de estas disciplinas y a la comprensión de las causas y tratamientos de las enfermedades.

Las referencias a Paracelso en la ficción son innumerables y variadas. Autores como Goethe, William Blake, Mary Shelley, Jorge Luis Borges, Herman Melville, Nathaniel Hawthorne, Umberto Eco, Mika Waltari y James Joyce lo mencionan en alguna de sus obras. Aparece en películas, juegos de rol, videojuegos, cómics, manga y anime, letras de canciones..., y llega incluso a pertenecer al universo de Harry Potter. También es un personaje citado en el mundo de las ciencias ocultas, porque pese a su versión renovadora era un seguidor de la astrología, la alquimia y la magia. Aunque si lo comparamos con Isaac Newton (1642-1727), que dedicó más tiempo a la religión y a la alquimia que a la óptica, la mecánica y las matemáticas, quedaría como un mero aficionado.

TOXICIDAD

La definimos como la capacidad inherente de una sustancia para producir un daño a un ser vivo. Se relaciona con la cantidad o dosis de sustancia que es administrada o absorbida, su distribución en el tiempo y la gravedad del daño. La toxicidad de una sustancia se define por su capacidad para causar daño cuando se administra en cantidades pequeñas, en comparación con otra sustancia que requiere una dosis mayor para producir el mismo nivel de daño.

Aunque en principio, los términos «tóxico» y «veneno» se consideran sinónimos, en la actualidad se les ha dado un alcance más específico y diferenciado. El término «tóxico» se utiliza en un sentido amplio y general para describir cualquier agente químico o físico que perturba los equilibrios vitales de los seres vivos. Por otro lado, la palabra «veneno» se reserva para hacer referencia a ese mismo agente cuando su uso ha sido intencionado. Esta distinción es importante porque nos permite diferenciar entre dos situaciones distintas. Por un lado, la intoxicación se refiere a un trastorno causado de manera accidental, es decir, cuando un individuo entra en contacto con una sustancia tóxica sin la intención de causar daño. En cambio, el uso de una sustancia para causar un envenenamiento implica la consecuencia de un acto deliberado. El envenenamiento puede tener intenciones maliciosas, como en el caso de un homicidio, o autodestructivas, como en el caso de un suicidio. En toxicología el término científico que agrupa a ambos es el de xenobiótico, pero en este libro emplearemos el de veneno como parte de la perspectiva histórica que nos interesa.

TIPOS DE INTOXICACIONES

Podemos establecer dos tipos, aguda y crónica:

▸ La intoxicación aguda es un estado causado por el contacto con una sustancia tóxica en una sola y breve exposición o en un período de tiempo relativamente corto. Los efectos tóxicos de la sustancia se desarrollan con rapidez, generalmente dentro de las horas o días posteriores a la exposición. Los síntomas de la intoxicación aguda suelen ser intensos y pueden incluir náuseas, vómitos, mareos, dificultad para respirar, convulsiones y, en casos graves, la muerte. La gravedad de la intoxicación aguda a menudo depende de la cantidad y la concentración de la sustancia tóxica a la que se ha estado expuesto. La mayoría de los casos que veremos en este libro corresponden con intoxicaciones, o mejor dicho, envenenamientos de tipo agudo.

▶ La intoxicación crónica es un estado que se desarrolla a lo largo del tiempo debido a la exposición repetida o continua a una sustancia tóxica a niveles generalmente bajos, pero que se acumulan en el cuerpo con el tiempo. Los efectos tóxicos de la sustancia pueden no ser evidentes de inmediato y pueden manifestarse después de semanas, meses o incluso años de exposición continua. Los síntomas de la intoxicación crónica pueden ser más sutiles y pueden incluir problemas de salud a largo plazo, como daño orgánico, enfermedades crónicas, trastornos del sistema nervioso y cáncer. Un ejemplo común de intoxicación crónica es la exposición al plomo a través del tiempo, que puede causar daño cerebral y otros problemas de salud graves, como le ocurrió al compositor alemán Ludwig van Beethoven (1770-1827), que ingirió compuestos de plomo para tratar sus problemas gástricos y pulmonares.

Dosis letales

Simplificando mucho y por no hacer aburrida esta pequeña introducción a la toxicología, la dosis letal mediana (DL50) es un término utilizado en toxicología para describir la cantidad o dosis de una sustancia tóxica que, cuando se administra a un grupo de individuos o animales de prueba, causa la muerte del 50 % de ellos en un período de tiempo determinado. En otras palabras, la DL50 es una medida que evalúa la toxicidad aguda de una sustancia y proporciona información sobre cuánto de esa sustancia es necesario para ser letal para la mitad de la población de prueba. Se expresa normalmente en miligramos por peso de individuo.

La DL50 como medida de toxicidad tiene limitaciones significativas en términos de fiabilidad. Esto se debe a que los resultados pueden variar debido a las diferencias genéticas en la población de estudio, a la especie del animal evaluado, las condiciones ambientales y la forma en que se administra el compuesto. Además, existe una considerable variabilidad entre especies. Por ejemplo, lo que puede considerarse relativamente seguro para las ratas puede ser extremadamente tóxico para los seres humanos (como en el caso del chocolate o, por el contrario, el carácter potencialmente carcinogénico de la sacarina en ratones). DL50 es un parámetro que solamente tiene utilidad para valorar la toxicidad aguda. Tiene sentido comentarla aquí porque este tipo de toxicidad es la implicada en la gran mayoría de envenenamientos intencionados.

Con la máxima de Paracelso que hemos visto antes siempre en mente, les dejo a continuación algunos ejemplos ordenados de mayor a menor de dosis letales para sustancias comunes, que han sido obtenidas experimentalmente en animales como ratas y ratones. Y aunque la extrapolación a humanos no sea directa ni totalmente representativa, nos podemos hacer una idea de la peligrosidad.

Sustancia	Dosis letal mediana (DL50), en mg/kg peso corporal Vía oral
Agua	90.000
Azúcar de mesa (sacarosa)	29.000
Alcohol etílico	7.000
Sal común (cloruro de sodio)	3.000
Paracetamol	2.000
Cafeína	200
Trióxido de arsénico	15
Cianuro de sodio	6
Fentanilo	0,3
Agente VX	0,15
Aconitina	0,08
Ricina	0,02
Tetrodotoxina	0,005
Toxina botulínica	0,000001

Al contrario de lo que mucha gente cree, las sustancias de origen natural son las más peligrosas.

Curvas dosis *vs* respuesta

Una curva dosis-respuesta es una representación gráfica que muestra la relación entre la dosis de una sustancia y la respuesta biológica resultante en un organismo o grupo de organismos. La dosis se refiere a la cantidad de la sustancia administrada, mientras que la respuesta puede ser cualquier efecto biológico medible, como un cambio en la función celular, un síntoma clínico o incluso la muerte. Para calcular la relación dosis-efecto y convertirla en gráficas de este tipo conviene recoger datos de muchos individuos, cuantos más mejor. Son muy útiles en la práctica de la toxicología.

Toxicocinética

Explica cómo los organismos absorben, distribuyen, metabolizan, eliminan o acumulan las sustancias tóxicas o venenos (xenobióticos) después de la exposición a ellos. Es una disciplina de la toxicología muy importante para comprender cómo los venenos, en nuestro caso, interactúan con el cuerpo y cómo pueden causar efectos tóxicos.

El comportamiento de un veneno después de su administración suele seguir estas rutas:

▸ Absorción: La absorción se refiere a la entrada del veneno en el cuerpo. Puede ocurrir a través de la piel, el tracto gastrointestinal o el sistema respiratorio.

▸ Distribución: Después de la absorción, el veneno se distribuye a través de la sangre a diferentes tejidos y órganos. Algunos venenos se acumulan en ciertos lugares, mientras que otros se distribuyen ampliamente.

‣ METABOLISMO: El metabolismo implica la transformación de las sustancias tóxicas, como los venenos, en el cuerpo. El hígado es el principal órgano encargado de metabolizar muchos de estos agentes letales.

‣ ELIMINACIÓN: La eliminación se refiere a la eliminación de los venenos y sus metabolitos del cuerpo, principalmente a través de los riñones en forma de orina y a través del sistema biliar en forma de heces. También puede producirse eliminación a través de la respiración y el sudor.

‣ ACUMULACIÓN: Algunos venenos, como los metales pesados, pueden acumularse en tejidos y órganos.

TOXICODINÁMICA

Es una rama de la toxicología que se centra en estudiar cómo las sustancias químicas interactúan con el organismo y producen sus efectos tóxicos. En otras palabras, se trata de comprender los mecanismos y procesos biológicos que ocurren en el cuerpo después de la exposición a una sustancia tóxica y cómo dicha sustancia afecta a los sistemas biológicos.

A través de la toxicodinámica, los toxicólogos investigan cómo las sustancias químicas o los venenos pueden perturbar o interferir con las funciones normales del cuerpo, como las enzimas, los receptores celulares, los sistemas de transporte y otras vías bioquímicas y fisiológicas.

Algunos de los aspectos clave de la toxicodinámica incluyen:

✓ Mecanismos de acción: Se estudia cómo una sustancia tóxica se une o interactúa con biomoléculas específicas, como proteínas, en particular enzimas o receptores, para desencadenar una respuesta tóxica. Por ejemplo, algunos venenos pueden bloquear ciertas enzimas vitales, mientras que otros pueden activar o inhibir receptores celulares.

✓ Cinética de la respuesta: La toxicodinámica también se ocupa de la relación entre la dosis de la sustancia tóxica y la magnitud de la respuesta biológica. Esto puede incluir la determinación de cuán rápido se manifiestan los efectos tóxicos y cuánto tiempo duran.

✓ Variabilidad individual: Se investiga cómo la toxicidad de una sustancia puede variar de una persona a otra debido a factores como la genética, la edad, el sexo, el estado de salud y otros factores personales.

✓ Tolerancia y adaptación: La toxicodinámica también puede abordar la cuestión de si el organismo puede desarrollar tolerancia o adaptación a una sustancia tóxica con el tiempo, lo que podría influir en la gravedad de los efectos tóxicos.

✓ Mecanismos de detoxificación y eliminación: Se estudian los procesos biológicos que el cuerpo utiliza para metabolizar y eliminar las sustancias tóxicas, como el papel del hígado y los riñones en la desintoxicación.

Antídotos

Un antídoto es una sustancia o tratamiento médico que se utiliza para contrarrestar o neutralizar los efectos tóxicos de una sustancia venenosa o un agente tóxico en el cuerpo humano. Este concepto tiene raíces históricas en la búsqueda de remedios y tratamientos para envenenamientos a lo largo de la historia de la medicina.

Históricamente, la idea de un antídoto se desarrolló en respuesta a la necesidad de encontrar soluciones para contrarrestar los efectos perjudiciales de venenos, que han sido utilizados en asesinatos, conflictos y accidentes a lo largo de la historia. Algunas culturas antiguas, como la egipcia, griega y romana, registraron métodos y remedios para tratar el envenenamiento, aunque en su mayoría eran empíricos y carecían de base científica.

Con el avance de la ciencia y la medicina, especialmente a partir de los siglos XVIII y XIX, se comenzaron a desarrollar tratamientos más efectivos y basados en la evidencia para contrarrestar los efectos de venenos específicos. A lo largo del tiempo, la investigación científica en toxicología condujo al desarrollo de antídotos más concretos para una amplia variedad de sustancias venenosas, como el carbón activado para la absorción de sustancias tóxicas en el tracto gastrointestinal, la naloxona para revertir los efectos de la sobredosis de opioides como el fentanilo y el neutralizador para picaduras de serpientes venenosas.

La toxicología como ciencia

El paso de la toxicología a la condición de ciencia tiene nombre español: Mateo Buenaventura Orfila (1787-1853).

Nació en la isla de Mahón y estudio Química y Medicina en Valencia y Barcelona. Se trasladó a París, donde se graduó en Medicina en 1811. En 1813 publicó la obra *Elementos de química* y *Tratado de las exhumaciones jurídicas*. En 1814 publica en dos volúmenes su *Tratado de toxicología general*, obra reconocida como la primera gran publicación de importancia internacional de esta disciplina. Orfila desarrolló numerosas pruebas para identificar tóxicos.

La toxicología forense es una rama de la toxicología que se enfoca en investigar el papel de las sustancias tóxicas en casos judiciales y en la determinación de la causa de la muerte en situaciones sospechosas. A lo largo de la historia, la toxicología forense ha desempeñado un papel crucial en la resolución de casos de envenenamiento, homicidio, suicidio, accidentes y otras circunstancias relacionadas con la toxicidad de las sustancias químicas y los venenos. A medida que avanzaba la ciencia y la tecnología, se desarrollaron métodos más sofisticados para la detección de sustancias tóxicas en el cuerpo, como la espectroscopia y la cromatografía. Estos avances permitieron una identificación más precisa de los venenos y sus concentraciones en los tejidos.

En la actualidad, la toxicología forense se ha vuelto altamente especializada y utiliza tecnología de vanguardia, como la espectrometría de masas y la PCR (reacción en cadena de la polimerasa), para identificar una amplia variedad de sustancias tóxicas en muestras biológicas. También desempeña un papel importante en la investigación de casos de drogas ilegales, intoxicaciones accidentales y en la determinación de la causa de la muerte en investigaciones criminales.

CLASIFICACIÓN DE LOS VENENOS

Terminamos este pequeño curso acelerado con una propuesta de clasificación de los venenos, algo que nos puede ser de utilidad durante la lectura de este libro.

CLASIFICACIÓN QUÍMICA:

▸ Venenos inorgánicos: Sustancias tóxicas que entran en el ámbito de la química inorgánica: metales pesados (plomo, mercurio, arsénico...), ácidos y bases fuertes, sales (trióxido de arsénico) y elementos radiactivos (polonio).

▸ Venenos orgánicos: Sustancias tóxicas que entran en el ámbito de la química orgánica. Pueden tener un origen natural o de síntesis orgánica (agentes Novichok).

▸ Venenos biotecnológicos: Sustancias tóxicas producidas mediante técnicas biotecnológicas, como toxinas modificadas genéticamente.

CLASIFICACIÓN SEGÚN EL ORIGEN:

▸ Venenos animales: Producidos por animales venenosos, como serpientes, escorpiones, medusas y arañas.

▸ Venenos vegetales: Producidos por plantas venenosas, que pueden contener toxinas en sus hojas, tallos, flores, raíces o frutos (conina o cicutina, aconitina...).

▸ Venenos microbianos: Producidos por microorganismos como bacterias y hongos, que pueden generar toxinas perjudiciales para los humanos (toxina botulínica, tetrodotoxina...).

CLASIFICACIÓN SEGÚN LOS EFECTOS BIOLÓGICOS:

▸ Venenos neurotóxicos: Actúan sobre el sistema nervioso y pueden causar parálisis, convulsiones o alteraciones en la transmisión de impulsos nerviosos.

▸ Venenos hemotóxicos: Dañan la sangre y los vasos sanguíneos, causando hemorragias internas o problemas en la coagulación.

▸ Venenos citotóxicos: Dañan las células y los tejidos, provocando la destrucción de órganos o la muerte celular.

▸ Venenos cardiotóxicos: Afectan al corazón y pueden causar arritmias o insuficiencia cardíaca.

▸ Venenos nefrotóxicos: Dañan los riñones y pueden llevar a insuficiencia renal.

▸ Venenos gastrointestinales: Provocan daños en el sistema digestivo, causando vómitos, diarrea o daño a las mucosas gastrointestinales.

CLASIFICACIÓN SEGÚN LA VELOCIDAD DE ACCIÓN:

▸ Venenos de acción rápida: Actúan de manera inmediata, provocando efectos graves en poco tiempo.

▸ Venenos de acción lenta: Los efectos tóxicos se desarrollan de forma gradual, a veces con síntomas retardados que pueden aparecer horas o días después de la exposición.

¿Están preparados? Comenzamos.

Los primeros venenos

En la prehistoria, el descubrimiento del potencial uso de los venenos comenzó con la observación de que ciertas plantas causaban la muerte de los animales al ser ingeridas. Este hallazgo llevó a los hombres prehistóricos a desarrollar técnicas para aplicar venenos en las puntas de sus flechas y dardos, utilizando principalmente el jugo de plantas tóxicas y más tarde de animales. El curare, extraído de la planta *Strychnos toxifera*, era uno de los venenos más utilizados, ya que bloqueaba la respiración sin contaminar la carne del animal cazado. Con el tiempo, nuestros antepasados comenzaron a utilizar los venenos no solo para la caza, sino también para fines bélicos. Hay registros de que los cazadores de la tribu masai en Kenia, hace miles de años, usaban extracto de la planta *Strophanthus* para envenenar flechas destinadas a matar enemigos durante sus conflictos con tribus rivales.

¿Pero cuál es el registro arqueológico más antiguo de los primeros venenos?

Valentina Borgia (su apellido es el auténtico y no una broma) del Instituto McDonald de Investigación Arqueológica de la Universidad de Cambridge y la química forense Michelle Carlin de la Universidad de Northumbria desarrollaron hace unos años una técnica innovadora para detectar restos de venenos en objetos arqueológicos. Borgia, convencida de que los venenos se usaban en la caza desde hace 30.000 años, se dedica a la búsqueda de objetos cada vez más antiguos donde poder demostrar la presencia de sustancias ponzoñosas. Pero el récord lo tiene Matilde Lombardo, de la Universidad de Johannesburgo, que en 2020 publicó un artículo afirmando que, tras el análisis de 445 objetos que representan las etapas histórica, tardía y media de la Edad de Piedra, las puntas de flecha envenenadas hechas de hueso objeto de su investigación podrían haber sido utilizadas en el sur de África durante los últimos 72.000 años.

Pero si lo que queremos es una evidencia documental histórica con menos polémica que los trabajos de Borgia y Lombardo, hay que acudir a Egipto y a una de las fuentes más antiguas sobre toxicología que se conocen: el Papiro de Ebers (1550 a. C.). Según parece, este papiro es una copia de un manuscrito mucho más antiguo. Los egiptólogos modernos sugieren que el autor del original fue el legendario médico egipcio Imhotep (2700-2650 a. C.), a principios del III milenio antes de nuestra era. El Papiro Ebers fue descubierto en Luxor, entre los restos de una momia, en el año 1872. Fue adquirido por un egiptólogo alemán llamado Georg Ebers (1837-1898), quien se lo compró a un comerciante local. La importancia del papiro fue rápidamente reconocida por Ebers, que lo tradujo y publicó por primera vez en 1875. Este pergamino, de más de veinte metros de longitud, incluye casi un millar de secciones detalladas que abarcan una variedad de enfermedades en distintas áreas médicas, incluyendo la oftalmología, la ginecología y la gastroenterología, acompañadas de las recetas correspondientes. Además, se incluye una descripción inicial de lo que hoy conocemos como depresión clínica, en relación con el campo de la psicología. En lo concerniente a la toxicología y al mundo de los venenos nos encontramos con pasajes sobre el opio, el trióxido de arsénico, la aconitina y los glucósidos cianogénicos.

Shen Nung o Shennong fue un antiguo emperador de China, que vivió hace unos 5.000 años. Conocido también como el Emperador Yan, su nombre se traduce literalmente como «el granjero divino», en reconocimiento a su papel en la introducción de la agricultura en la antigua China. En la mitología china, es una figura de gran respeto y se le considera ancestro tanto del pueblo vietnamita como del chino. Su legado abarca no solo la medicina, sino también la agricultura y la cultura. Se estima que vivió alrededor del 2695 a. C. y fue conocido por sus experimentos con 365 hierbas, cuyo conocimiento le costó la vida debido a una sobredosis tóxica. Fue el autor de un tratado original sobre los venenos y las pruebas médicas basadas en plantas, un documento que ha sido expandido y enriquecido por generaciones de médicos chinos. Este tratado es fundamental para el vasto conocimiento de hierbas medicinales en China y se sigue consultando en la actualidad en la medicina tradicional. Que funcione o no, ya es otro asunto.

Los Vedas, textos sagrados de la India que datan aproximadamente del 1500 a. C., contienen una rica fuente de conocimiento en diversos campos, incluyendo la medicina. En los textos ayurvédicos de la India, que recogen las doctrinas médicas del período posvédico, posterior al siglo VII a. C., se mencionan varios venenos y se proporcionan indicaciones para el tratamiento de los envenenamientos. Estas recomendaciones terapéuticas incluyen antídotos elaborados a base de ingredientes naturales como miel, mantequilla y asafétida (un tipo de especia cuyo nombre hace justicia a su olor). En una sección específica

Papiro de Ebers, fechado en el octavo año del reinado de Amenhotep I, de la dinastía XVIII de Egipto. Se conserva en la Universidad de Leipzig.

del Ayurveda, conocida como *Susruta Samhita*, se detallan varios venenos de origen vegetal y mineral. Por ejemplo, se menciona el oleandro o adelfa, una planta conocida por sus propiedades tóxicas, así como sustancias minerales peligrosas como el arsénico y el mercurio. Además, en estos textos se discuten las acciones abortivas y potencialmente tóxicas de ciertas sustancias.

También hay registros históricos antiguos en África tropical sobre el uso de las habas de Calabar *(Physostigma venenosum)* como veneno de ordalía. A las personas acusadas de brujería se las obligaba a beber el extracto lechoso blanco de la judía extraído machacando la judía en un mortero. Si la persona acusada moría, se consideraba una prueba de culpabilidad. Si sobrevivía, normalmente porque vomitaba el veneno, era absuelta y puesta en libertad. Otra versión consistía en llevar a cabo un tipo de combate entre rivales, donde cada contrincante recibía la mitad de un haba; esta pequeña cantidad generalmente era suficiente para causar la muerte de los dos. A pesar de su extrema toxicidad, no hay nada en su apariencia, aroma o sabor que permita diferenciarla de una planta inocua, situación que la convierte en muy peligrosa en los países donde se encuentra.

En las culturas precolombinas mesoamericanas, los venenos también estuvieron presentes. En los rituales de curación y ceremonias religiosas, los pueblos mesoamericanos como los olmecas, zapotecas, mayas y aztecas usaban cactus, plantas y hongos que causaban alucinaciones para alcanzar estados mentales alterados. Por ejemplo, los mayas tomaban balché, una bebida hecha de miel y extractos de la planta *Lonchocarpus*, en reuniones grupales para embriagarse. Además, utilizaban enemas y la ingestión de otras sustancias con efectos psicoactivos para entrar en trance.

Entre las sustancias empleadas estaban el peyote, hongos alucinógenos (conocidos como teonanacatl, que incluyen especies de *Psilocybe*) y las semillas de ololiuhqui (de la planta *Turbina corymbosa*). Estos contienen mescalina, psilocibina y ácido lisérgico, respectivamente. También usaban la piel del sapo Bufo, que contiene bufotoxinas alucinógenas, especialmente durante el período olmeca. Otras plantas como el estramonio *(Datura stramonium),* el nenúfar *(Nymphaea ampla)* y la *Salvia divinorum* eran muy populares por sus efectos psicoactivos. La diferencia entre el uso lúdico y la muerte era la dosis, así que seguro que muchos cruzaron la orilla hacia las moradas de los dioses tras un mal viaje. Si al chamán de turno se le fue la mano de forma intencionada o no, nunca lo sabremos.

Envenenadores y envenenados en la Hélade

Los griegos nos dieron la palabra tóxico con origen en su voz *toxon,* que era un arco que en la guerra se usaba para disparar flechas envenenadas al enemigo. A lo que hacía referencia a ese arco se le denominaba *toxikom,* en latín *toxicum,* y fue Aristóteles quien acotó el término para designar al veneno que emplean los que disparan flechas o los arqueros.

De esta palabra griega provienen todas las palabras en uso hoy en día para la toxicología, como tóxico, toxina, intoxicación, y así sucesivamente. Sin embargo, la palabra «intoxicado» hoy en día no tiene el mismo significado que tenía en la antigua Grecia. Si uno le preguntara a un griego antiguo qué significa estar intoxicado, esa persona describiría una condición física resultante de haber sido envenenado por una flecha.

No hay libro sobre toxicología o de historia de los venenos que no mencione la muerte de Sócrates en el 399 a. C. Y seguro que han visto más de una vez un cuadro del pintor francés Jacques-Louis David, de 1787, titulado *La Mort de Socrate* en el que aparece un Sócrates de rostro envejecido, ataviado con una túnica blanca y que se encuentra sentado en una cama. En una de sus manos sostiene una copa, mientras que con la otra gesticula en el aire, continuando con sus enseñanzas. Rodeado por amigos de diversas edades, la imagen destaca por su serenidad en contraste con la visible angustia emocional de la mayoría de ellos. El joven que le ofrece la copa desvía la mirada, apoyando su rostro en su mano libre. Critón, uno de sus discípulos, escucha con atención a su maestro, sujetándose la rodilla. En un extremo de la cama, se encuentra un anciano Platón, abatido y mirando hacia su regazo. En una escalera al fondo, Jantipa, la esposa de Sócrates, lanza una última mirada triste hacia la escena con un gesto de despedida. Esta maravillosa obra de arte se exhibe actualmente en el Museo Metropolitano de Arte de Nueva York.

Se dice que el filósofo griego fue condenado a la muerte por envenenamiento con un extracto de la planta cicuta, conocida científicamente como *Conium maculatum* y perteneciente a la familia de las apiáceas. La cicuta es tristemente célebre por contener conina (también llamada coniina o cicutina), su principal componente tóxico. La agonía de Sócrates se cuenta con detalle en el diálogo *Fedón*, escrito por su discípulo Platón, aunque no queda claro, con lo que hoy sabemos sobre los efectos de la conina, que los síntomas descritos se correspondan con los efectos reales de la conina. Esta sustancia se caracteriza por ser un líquido aceitoso, incoloro y de olor desagradable e intenso. Funciona como un potente neurotóxico, bloqueando los receptores nicotínicos en las membranas postsinápticas de las uniones entre nervios y músculos. En términos sencillos, la conina interfiere con la transmisión de señales eléctricas desde los nervios a los músculos, lo que lleva a una parálisis muscular progresiva. Lo más probable es que el veneno que acabó con Sócrates fuera una mezcla de cicuta con otras sustancias, incluida alguna bebida alcohólica. Y por cierto, aunque Jacques-Louis David sitúa en su cuadro a Platón, el propio Platón cuenta en su libro *Fedón* que no estuvo presente en la muerte de su maestro por encontrarse enfermo.

La muerte de Sócrates nos invita a reflexionar sobre el avance de las ciencias en la Grecia antigua, especialmente las médicas, durante los siglos VII y VI a. C., la época de Hipócrates, a quien a menudo se le conoce como el padre de la medicina y que vivió entre el 460 y el 377 a. C. Hipócrates desaconsejaba fervientemente el uso de venenos como veneno judicial. De hecho, en el *Corpus Hippocraticum*, una extensa colección de textos médicos asociados a Hipócrates, hay escasa mención a los venenos. Esto se refleja claramente en el famoso Juramento Hipocrático, donde se establece explícitamente que los médicos no deben administrar ni recomendar venenos. Esta postura ética de Hipócrates destaca en la historia de la medicina y muestra un contraste notable con la trágica muerte de Sócrates. De todas formas, la alternativa a los venenos para el ajusticiamiento tampoco era la mejor.

Alejandro Magno demostrando su confianza en Filipo, su médico personal, bebiendo una brebaje medicinal preparado por él tras recibir una carta del general Parmenio sugiriendo que Filipo le está envenenando. Dibujo a lápiz de Ludwika Chodowiecka, año desconocido.

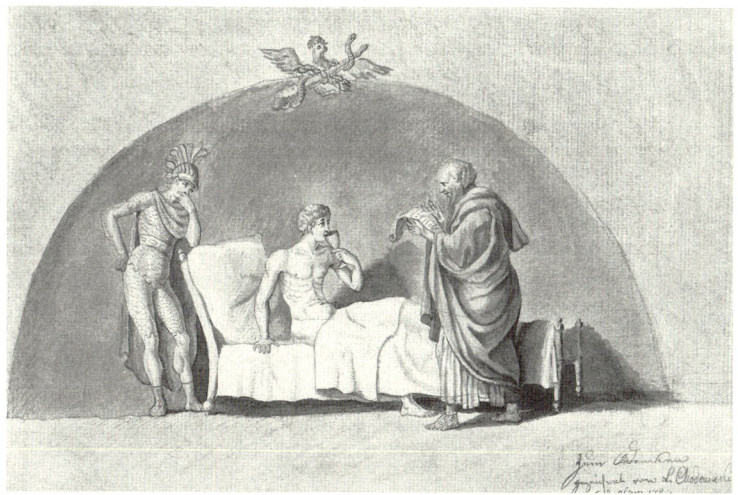

Menos documentado que el final de Sócrates está el de Alejandro Magno, sobre el que se han escrito ríos de tinta insinuando en múltiples ocasiones que también murió envenenado. Alejandro Magno, conocido también como Alejandro III de Macedonia, fue un rey de Macedonia que nació el 20 de julio del 356 a. C. en Pella, Macedonia. Hijo del rey Filipo II de Macedonia y de su esposa, la reina Olimpia, Alejandro se convirtió en una de las figuras militares y políticas más importantes de la historia antigua. Desde joven, Alejandro demostró ser excepcionalmente talentoso, tanto en lo intelectual como en lo físico. Fue alumno de Aristóteles, uno de los filósofos más influyentes de la antigüedad, quien le enseñó una amplia gama de materias, incluyendo filosofía, política y ciencias. Este aprendizaje influiría profundamente en sus decisiones y acciones a lo largo de su vida.

Subió al trono de Macedonia en el 336 a. C., tras el asesinato de su padre. A pesar de su juventud, demostró ser un líder militar y político excepcional. Inició una serie de campañas militares que duraron más de una década, conocidas como las conquistas de Alejandro Magno. Durante este período, logró una serie de victorias impresionantes y extendió el Imperio macedonio desde Grecia y Egipto hasta llegar a la India, creando uno de los imperios más grandes de la historia antigua. Alejandro no solo fue conocido por sus habilidades militares, sino también por su visión y estrategia en la gestión de los territorios conquistados. Fomentó la integración de culturas y promovió el helenismo, la difusión de la cultura y el idioma griego, en las regiones que conquistó.

Alejandro Magno murió en el año 323 a. C. en Babilonia, a la edad de 32 años. La causa exacta y las circunstancias de su muerte siguen siendo un tema de discusión y análisis entre historiadores y expertos. Una de las teorías propuestas es la del envenenamiento y, en esta hipótesis, la principal sospechosa es Roxana, la esposa de Alejandro. Se sugiere que Roxana pudo haber utilizado un veneno poco conocido, la estricnina, para asesinar a su esposo. Según algunos historiadores, los motivos detrás de este supuesto asesinato podrían haber sido los celos de Roxana hacia otras mujeres en la vida de Alejandro o hacia su amigo cercano y posiblemente amante, Hefestión.

En el libro *Alejandro Magno: Asesinato en Babilonia*, del historiador Graham Phillips, se describen los síntomas de la intoxicación de Alejandro, que se manifestaron como excitación y temblores, seguidos de un intenso dolor abdominal, convulsiones graves y una sed extrema. Durante la noche, Alejandro supuestamente experimentó alucinaciones y delirios, todos ellos síntomas compatibles con un envenenamiento por estricnina. Lo interesante de esta teoría es que la estricnina, un alcaloide presente en el género de plantas *Strychnos*, originarias de la India, era poco conocida en aquel tiempo.

El género *Strychnos*, que contiene estricnina, incluye aproximadamente 200 variedades de plantas, entre ellas árboles, arbustos y lianas. Estas especies se distribuyen globalmente, predominando en regiones subtropicales y tropicales, y algunas incluso se cultivan en jardines por su atractivo ornamental. Sin embargo, es importante destacar que solo un número limitado de estas especies del género *Strychnos* contiene estricnina. En las especies que sí la poseen, esta sustancia es responsable del efecto tetanizante que provoca convulsiones después de su consumo. Los historiadores que defienden la hipótesis del envenenamiento destacan que Alejandro y Roxana habían visitado la India aproximadamente dos años antes de la muerte del rey, lo que añade un elemento intrigante a esta posibilidad. Aunque, todo hay que decirlo, la mayor parte de los historiadores e investigadores de su vida y obra descartan esta posibilidad como la causa de su muerte.

Tras el fallecimiento de Alejandro Magno, su vasto imperio se fragmentó rápidamente debido a luchas internas, dividiéndose entre sus generales y sucesores. Uno de ellos, al menos como referencia e inspiración, fue nuestro siguiente protagonista.

La iconografía de Alejandro Magno es muy extensa y variada. Su muerte aparece en obras literarias, artísticas y cinematográficas, que la han mostrado con un rigor histórico dispar. Entre estas menciones destaca una pintura al óleo sobre lienzo del pintor alemán Carl Theodor von Piloty, terminada en 1886. En ella podemos ver a un moribundo Alejandro encamado despidiéndose de su ejército.

Mitrídates VI, también conocido como Mitrídates VI de Ponto o Mitrídates el Grande, fue un rey de ascendencia mixta persa y griega que gobernó el Reino del Ponto en el norte de Anatolia (actual Turquía) desde aproximadamente el 120 a. C. hasta su muerte en el 63 a. C. Es famoso por ser uno de los adversarios más formidables y persistentes de la República romana. Mitrídates nació en el seno de una familia real y desde joven mostró una aptitud notable para la política y la guerra. Su padre, Mitrídates V, murió asesinado por envenenamiento. Durante su reinado, expandió considerablemente sus dominios, abarcando partes de lo que hoy son Turquía, Crimea y alrededores. Su ambición de crear un imperio que pudiera rivalizar con Roma lo llevó a enfrentamientos militares prolongados con los romanos, conocidos como las guerras mitridáticas.

Una de las anécdotas más conocidas sobre Mitrídates es su fascinación por los venenos y todo lo relacionado con ellos.

Temiendo ser envenenado, supuestamente desarrolló una inmunidad al veneno tomando pequeñas dosis de diversos venenos a lo largo de los años. También se dice que creó un antídoto universal, conocido como mitridato, un brebaje compuesto de sustancias diversas que el enciclopedista romano Aulio Cornelio Celso describió en su obra *De Medicina* (año 30 d. C.) como:

> «Contiene balsamita 1,66 gramos, cálamo 20 gramos, hypericum, goma arábiga, sagapenum, zumo de acacia, iris ilirio, cardamomo, 8 gramos de cada uno; anís 12 gramos, nardo galico (Valeriana), raíz de genciana y hojas secas de rosa, 16 gramos de cada uno; gotas de amapola y perejil, 17 gramos de cada uno; casia, saxifraga, cizaña, pimienta larga, 20,66 gramos de cada; estoraque (resina de liquidambar) 21 gramos; castóreo, olíbano, jugo de Cytinus hypocistis, mirra y opopónaco, 24 gramos de cada; hojas de Malabathrum, 24 gramos; flor de junco redondo, resina de trementina, gálbano, semillas de zanahoria de Creta, 24,66 gramos de cada; nardo y bálsamo de la Meca, 25 gramos de cada; bolsa de pastor, 25 gramos; raíz de ruibarbo, 28 gramos; azafrán, jengibre, canela, 29 gramos de cada. Todo esto se macera y se vierte en miel. Contra el envenenamiento, una porción del tamaño de una almendra se disuelve en vino. En otras afecciones, una cantidad del tamaño de una judía es suficiente».

La efectividad del mitridato como antídoto la puso en duda ni más ni menos que Plinio el Viejo, quien se refirió a este supuesto antídoto en su obra *Naturalis Historiae* de la siguiente manera:

«El mitridato está compuesto de cincuenta y cuatro ingredientes, sin que dos de ellos tengan el mismo peso, mientras alguno es prescrito en la sesentava parte de un denario. ¿Cuál de los dioses, en verdad, marcó estas proporciones absurdas? Es simplemente una ostentosa muestra de arte, y una fanfarronería de la ciencia».

La muerte de Mitrídates VI, como relata Apiano en su *Historia romana*, fue irónicamente inusual y contradictoria. Tras ser derrotado por Pompeyo y para evitar caer en manos de los romanos, Mitrídates intentó quitarse la vida usando un veneno que siempre llevaba oculto junto a su espada. Sin embargo, debido a su inmunidad, adquirida por el consumo prolongado de pequeñas dosis de veneno –un fenómeno conocido como tolerancia–, la dosis que ingirió no fue letal. Ante el fallo del veneno para cumplir su propósito, Mitrídates se vio obligado a solicitar la ayuda de uno de sus oficiales de confianza, quien finalmente lo asesinó con su espada. Aunque el historiador Lucio Casio Dion (también conocido como Dion Casio), con fama de inventarse muchas cosas, ofreció un relato algo distinto y que dice así:

«Mitrídates había tratado de suicidarse, y después de envenenar a sus esposas e hijos, se había tragado todo lo que quedaba; pero ni por ese medio ni por la espada pudo perecer con sus propias manos. Porque el veneno, aunque mortal, no prevaleció sobre él, ya que su constitución se había acostumbrado a él, tomando como precaución antídotos en grandes dosis todos los días; y la fuerza del golpe de espada fue disminuida por la debilidad de su mano, causada por su edad y desgracias presentes, y por haber tomado el veneno, cualquiera que fuera. Por lo tanto, cuando no logró quitarse la vida con sus propios esfuerzos y pareció demorarse más allá del tiempo adecuado, aquellos a quienes había enviado contra su hijo cayeron sobre él y aceleraron su fin con sus espadas y lanzas. Así, Mitrídates, que había experimentado la más variada y notable fortuna, ni siquiera tuvo un final normal en su vida. Pues deseaba morir, aunque de mala gana, y aunque ansiaba suicidarse, no pudo hacerlo; pero en parte por veneno y en parte por la espada, fue al mismo tiempo suicidado y asesinado por sus enemigos».

Un final mucho más cinematográfico, sin duda alguna. Digno de un personaje que para los habitantes del Ponto era algo parecido a los superhéroes de hoy en día y un supervillano para sus enemigos. Respecto a su iconografía, la más conocida es un busto de mármol del siglo I que se expone en el Museo del Louvre de París.

Los venenos
en la mitología clásica

La mitología clásica está repleta de historias en las que los venenos son los protagonistas, tanto en sentido literal como metafórico, ofreciendo una mirada lírica y evocadora a las complejas interacciones entre los seres humanos, los dioses y el mundo natural. Sería una tarea titánica, nunca mejor dicho, citar todas las referencias a venenos y envenenamientos que aparecen en el inabarcable mundo de la mitología. Así que destacaremos solo algunas de las más conocidas de la cultura grecorromana, y que son las siguientes:

Los lotófafos y Circe

En la *Odisea* de Homero, la historia de los lotófagos (o comedores de loto) es un episodio inolvidable de esta obra inmortal que se encuentra concretamente en el Libro IX, donde Homero narra las aventuras de Odiseo (Ulises en la mitología romana) en su viaje de regreso a casa después de la guerra de Troya. En este episodio, Odiseo y sus hombres llegan a la tierra de los lotófagos, un pueblo que vive en una costa rodeada de flores y plantas. Los lotófagos son conocidos por su consumo del loto, una planta venenosa que tiene propiedades narcóticas y cuyo fruto es increíblemente dulce y tentador.

Los hombres de Odiseo se olvidaron de su hogar, sus familias y su misión, y querían quedarse con los lotófagos, comiendo los frutos y flores de loto, hasta que Odiseo los obligó por la fuerza a que regresaran a su nave para seguir rumbo a Ítaca.

Circe era una poderosa hechicera que vivía en la isla de Eea. Odiseo y sus hombres llegaron a esta isla después de su encuentro con los lotófagos y de otros desafíos. En Eea, algunos de los hombres de Odiseo exploraron la isla y se encontraron con la casa de Circe, rodeada de leones y lobos mansos, que en realidad eran hombres transformados por la magia.

Los hombres fueron cautelosamente invitados a entrar en la morada de Circe, donde ella les ofreció una comida mezclada con uno de sus venenos mágicos. Al consumirlo, los hombres se transformaron en cerdos, aunque manteniendo su conciencia humana. Solo uno, Euríloco, escapó para informar a Odiseo de

Circe, Ulises y Mercurio. Grabado de P. Aquila sobre una obra de Annibale Carracci, 1590.

lo sucedido. Odiseo, determinado a rescatar a sus hombres, se dirigió hacia la casa de Circe. En el camino, fue abordado por el dios Hermes, el mensajero de los dioses, quien le proporcionó una hierba mágica que lo protegió contra los venenos de Circe. Con esta protección, Odiseo se enfrentó a Circe, quien sorprendida por su inmunidad a su magia se apiadó de él.

Circe liberó a los hombres de Odiseo y los convirtió de nuevo en humanos. Además, se convirtió en amante y aliada de Odiseo, ofreciéndole consejos cruciales para su viaje y hospitalidad a él y a sus hombres durante su estancia en la isla. Odiseo y su tripulación permanecieron con Circe durante un año antes de retomar su viaje.

ORFEO Y EURÍDICE

Su historia es una de las más famosas y trágicas de la mitología griega, y ha sido contada a través de numerosas fuentes y versiones a lo largo de los siglos. Aquí presento una síntesis basada en las fuentes clásicas más conocidas, como las obras de Ovidio en sus *Metamorfosis* y otros escritores antiguos.

Orfeo, hijo del dios Apolo y de la musa Calíope, era un músico y poeta incomparable, cuya música tenía el poder de encantar a todos los seres vivos e incluso a los objetos inanimados. Se enamoró profundamente de la ninfa Eurídice y ambos disfrutaban de un amor idílico hasta que ocurrió una tragedia. Un día, mientras paseaba por el bosque, Eurídice fue mordida en el talón por una serpiente venenosa cuando intentaba escapar del avance de Aristeo, un pastor que la perseguía con intenciones amorosas. La mordedura resultó ser mortal, y Eurídice murió instantáneamente.

Desconsolado por la pérdida de su amada, Orfeo decidió ir al inframundo para intentar traerla de vuelta. Su música conmovió tanto a Hades, el dios del inframundo, y a su esposa Perséfone, que accedieron a permitir que Eurídice regresara al mundo de los vivos, pero con una condición: Orfeo debería caminar delante de ella y no mirar hacia atrás hasta que ambos hubieran alcanzado la luz del sol.

Lleno de esperanza, Orfeo comenzó el viaje de regreso al mundo superior, guiando a Eurídice. Sin embargo, justo antes de alcanzar la salida, Orfeo, vencido por la ansiedad y el deseo de asegurarse de que Eurídice lo seguía, cometió el error fatal de mirar atrás. Al hacerlo, vio a Eurídice desaparecer de nuevo en las sombras del inframundo, perdiéndola para siempre.

Este relato ha sido interpretado de muchas maneras a lo largo de los siglos, convirtiéndose en un símbolo del poder del amor, la música y la tragedia del destino humano. La historia de Orfeo y Eurídice ha inspirado innumerables obras de arte, música y literatura, permaneciendo como un legado atemporal de la mitología griega.

Medea

Medea es quizá una de las más famosas usuarias de venenos en las antiguas leyendas mitológicas gracias a Eurípides. Hija del rey Eetes de Cólquida y nieta del dios del sol, Helios, Medea era conocida por sus habilidades en la magia y la hechicería. Su historia más conocida fue la de ayudar a Jasón, líder de los Argonautas, a obtener el Vellocino de Oro. Medea se enamora de Jasón y le ayuda, traicionando a su familia en el proceso.

Más tarde, cuando Jasón la abandona por otra mujer, Medea utiliza sus conocimientos de los venenos de una manera terriblemente vengativa. No solo mata a la nueva esposa de Jasón, Glauce, mediante un regalo envenenado (un vestido y una corona que la mata al contacto con su piel), sino que también apuñala a sus propios hijos, fruto de su unión con Jasón, como un acto final de venganza. Esta historia resalta la dualidad de Medea como una figura empoderada pero trágica, y muestra el veneno como un instrumento de venganza y destrucción. El acónito es el veneno que muchos autores citan en las narraciones y representaciones artísticas sobre Teseo y Medea.

HÉRCULES Y LA HIDRA DE LERNA

Hércules, conocido en la mitología griega como Heracles, era un héroe famoso por su fuerza extraordinaria y por las doce pruebas que tuvo que superar. En su segundo trabajo, Hércules debe matar a la Hidra de Lerna, una serpiente monstruosa de múltiples cabezas. Cada vez que Hércules corta una cabeza, dos nuevas crecen en su lugar. Con la ayuda de su sobrino Iolao, Hércules quema los cuellos de la Hidra después de cortar cada cabeza, impidiendo que vuelvan a crecer. Finalmente, Hércules usa el veneno de la propia Hidra para impregnar sus flechas, convirtiéndolas en armas letales.

La relación de Hércules con los venenos llegó a ser trágicamente irónica hasta en el final de su vida.

La muerte de Hércules se desencadena cuando su esposa, Deianira, intenta recuperar su deseo mediante el uso de lo que creía era un filtro de amor dado por el centauro Neso. Este le había engañado diciéndole que la sangre con la que había empapado una túnica reavivaría el amor de Hércules por ella. Pero la sangre contenía el veneno mortal de la Hidra.

Deianira envía a Hércules la túnica, creyendo que fortalecería su relación. Sin embargo, al vestirla, el veneno comienza a quemarle la piel, causándole un dolor insoportable. Hércules, incapaz de resistir el tormento y sin poder retirar la túnica adherida a su piel, opta por la muerte como única escapatoria a su sufrimiento. Construye una pira funeraria y se inmola, ascendiendo al Olimpo tras su muerte para convertirse en un dios.

ESCILA

En la mitología griega, Escila tiene una historia fascinante y trágica relacionada con el veneno. Originalmente era una hermosa ninfa marina, hija de Forcis y Ceto, deidades marinas antiguas. Su historia se entrelaza con la de varias otras figuras mitológicas.

Uno de los relatos más destacados es el de su transformación en un monstruo marino. Esta metamorfosis se atribuye a diferentes causas según las versiones del mito. Una de las más conocidas implica a la hechicera Circe, que hemos conocido antes. Circe, celosa del amor que el dios del mar, Glauco, tenía por Escila, vertió un veneno en el agua donde Escila se bañaba. Al entrar en contacto con esta agua envenenada, Escila se transformó en un monstruo con doce pies y seis cabezas de perro, cada una con tres filas de dientes afilados. Esta transformación la condenó a vivir en un estrecho pasaje del mar, frente a otro monstruo, Caribdis, causando estragos a los barcos que pasaban.

En otra interpretación de este mito, el veneno está relacionado con el propio padre de Escila, Forcis. En esta narrativa,

Forcis, disgustado con Escila por algún motivo, la envenena y causa su transformación en el temible monstruo.

Independientemente de la versión, en la historia de Escila destaca el tema recurrente de la transformación a través del veneno, una metáfora de la corrupción y la pérdida de la inocencia o belleza. Además, su figura como monstruo marino se convirtió en un símbolo de los peligros y terrores del mar, particularmente en el famoso pasaje de la *Odisea* de Homero, donde Odiseo debe navegar entre Escila y Caribdis, planteándose la difícil elección de a cuál de los dos monstruos enfrentar. La expresión actual «entre Escila y Caribdis» se utiliza para describir una situación en la que se debe elegir entre dos males igualmente peligrosos.

ESTENEBEA

La esposa del rey de Argos, también conocida como Antea, es una figura menos conocida de la mitología griega, pero su historia está vinculada al veneno. Su relato está principalmente asociado con la historia de Belerofonte, un héroe griego.

Cuando Belerofonte llegó a la corte de su esposo Preto, Estenebea se enamoró apasionadamente de él. Sin embargo, Belerofonte rechazó sus avances. Humillada y enojada por el rechazo, Estenebea mintió a su esposo, alegando que Belerofonte había intentado seducirla. En algunas versiones de la historia, ella usa una túnica envenenada como parte de su engaño. Creyendo las acusaciones de su esposa, Preto envió a Belerofonte a Licia con una serie de cartas en las que pedía al rey Ióbates que matara a Belerofonte. Esto llevó a las famosas pruebas de Belerofonte, incluida su batalla con la Quimera. Finalmente, según el escritor latino Higinio, la despechada Estenebea se suicidó con veneno.

JÚPITER Y SATURNO

En la mitología romana, Júpiter (conocido como Zeus en la mitología griega) utilizó algo parecido a un veneno para hacer que Saturno (Cronos en la mitología griega) vomitara. Saturno había escuchado una profecía que decía que uno de sus hijos lo derrocaría. Para evitar esto, devoraba a cada uno de sus hijos al nacer. Sin embargo, cuando Júpiter nació, su madre, Rea (o Cibeles en la mitología romana), engañó a Saturno dándole una piedra envuelta en pañales para que la devorara, mientras escondía a Júpiter.

Cuando Júpiter creció, lideró una rebelión contra Saturno. En algunas versiones de la historia, Metis, una de las esposas de Zeus, preparó una bebida que hizo que Saturno vomitara a los hijos que había tragado, quienes luego se unieron a Júpiter en su rebelión. Esta bebida no es descrita típicamente como un veneno, sino más bien como una poción que inducía el vómito, pero en esta historia más bien se aplica un antídoto emético frente al veneno de la codicia y la crueldad.

ESCULAPIO

Conocido en la mitología griega como Asklepios, Esculapio era el dios de la medicina y la curación. Su historia es parte importante de la mitología antigua y refleja el desarrollo temprano de la medicina en la cultura grecorromana. Esculapio era hijo de Apolo y Coronis. Mientras Coronis estaba embarazada, fue infiel a Apolo. Como castigo, fue asesinada, pero Apolo rescató al bebé Esculapio de su cuerpo en llamas. En algunas versiones, se dice que Coronis fue asesinada por Artemisa a petición de Apolo.

El centauro Quirón, conocido por su sabiduría y habilidades médicas, crio y educó a Esculapio. Le enseñó el arte de la medicina, lo cual incluía el conocimiento de las hierbas curativas y, especialmente, de los venenos.

Aunque Esculapio era más conocido por sus habilidades sanadoras, su conocimiento en medicina también implicaría un entendimiento de las sustancias venenosas, dado que muchos venenos pueden tener propiedades medicinales en dosis adecuadas. Así, su sustancia favorita era la sangre de la Gorgona, con propiedades contrapuestas: un veneno mortal y un elixir para resucitar a los muertos.

Esculapio fue asesinado por Zeus con un rayo, precisamente por resucitar a los muertos, ya que esto se consideraba una violación del orden natural. Después de su muerte, Esculapio fue venerado como un dios de la medicina y la curación. Se establecieron santuarios en su honor, donde los ciudadanos buscaban curas para sus enfermedades. El bastón de Esculapio/Asklepios, una vara con una serpiente enrollada, sigue siendo un símbolo común en la medicina moderna.

Las referencias artísticas de estas escenas mitológicas pueblan las pinacotecas y los museos del mundo. Por ejemplo, en el Museo del Prado podemos admirar la obra *La muerte de Eurídice*, de 1637, del pintor Erasmo Quellinus II perteneciente a la escuela flamenca del siglo XVII. Esta obra muestra a Orfeo sujetando a una Eurídice moribunda con la serpiente entre sus pies. En la Oldham Art Gallery tenemos la escena de Circe ofreciendo una copa de vino envenenado a Odiseo en el cuadro de John William Waterhouse titulado *Circe ofrece la copa a Ulises*, de 1891. Del mismo autor es la obra *Jasón y Medea*, de 1907.

Otra *Medea* es la que pintó Frederick August Sandys en 1868, donde nuestra protagonista aparece en primer plano preparando una de sus pócimas. *Hércules en la pira* es una escultura de Guillaume Coustou que se puede visitar en el Museo del Louvre de París. Fue terminada en 1704 por Coustou como ejercicio para su ingreso en la Real Academia Francesa y nos muestra al héroe en el momento de su muerte, luchando por despojarse de la túnica envenenada de su cuerpo. Pero la Medea más famosa es la *Medea furiosa* de Eugène Delacroix, pintada en 1862 y actualmente en el Palacio de Bellas Artes de Lille, que resalta su naturaleza dual como madre y asesina.

La envenenadora
al servicio de Agripina

El uso de venenos en la antigua Roma, más allá de ser una mera táctica política o criminal, reflejaba lo más profundo de la sociedad romana, con sus intrigas palaciegas, afán de poder, obsesiones e hipocresía.

La *Lex Cornelia de Sicariis et Veneficiis,* promulgada en el año 81 a. C. durante el dictado de Lucio Cornelio Sila, fue una ley fundamental en la historia del derecho penal romano. Esta ley formaba parte de una serie de reformas legislativas implementadas por Sila durante su dictadura, que buscaban reestructurar y fortalecer la legalidad romana en diversos aspectos. La *Lex Cornelia* estaba principalmente dirigida contra los *sicarii* (asesinos) y los *venefici* (envenenadores). Su propósito era proporcionar un marco legal para el procesamiento y castigo de estos crímenes, que habían crecido en frecuencia y sofisticación. El término «sicarii» se refería a aquellos que cometían asesinatos con una sica (daga), mientras que «venefici» abarcaba a los envenenadores. La ley no solo se ocupaba de los actos de asesinato en sí, sino también de las conspiraciones y tentativas.

Las penas bajo la *Lex Cornelia* eran muy severas. Los condenados podían enfrentarse a la muerte, el exilio o la pérdida de la propiedad privada. La severidad de la pena dependía de la naturaleza y las circunstancias del crimen.

En el periodo previo a la *Lex Cornelia,* Roma había experimentado un aumento notable en el uso de venenos, tanto en conflictos políticos como en disputas privadas. Este aumento se debió en parte a la accesibilidad de sustancias tóxicas y a un mayor conocimiento de sus propiedades.

Sila, al promulgar esta ley, no solo buscaba controlar un problema criminal, sino también consolidar su poder. La ley era una herramienta para estabilizar la sociedad y reforzar el orden público, cruciales para la legitimidad de su régimen. La *Lex Cornelia* fue un hito en la evolución del derecho penal romano. Estableció precedentes importantes en términos de cómo se definían y procesaban los delitos de asesinato y envenenamiento.

A lo largo del tiempo, la ley fue utilizada y en ocasiones abusada con fines políticos. Las acusaciones bajo la *Lex Cornelia* podían ser herramientas para eliminar adversarios políticos o personales. La *Lex Cornelia* influyó en la legislación subsiguiente, tanto en Roma como en otros sistemas legales a lo largo de la historia. Sus principios se reflejan en muchas leyes modernas relacionadas con el asesinato y el envenenamiento.

En la antigua Roma el envenenamiento solía asociarse a menudo con las mujeres. Figuras como Locusta, una célebre envenenadora del siglo I d. C., que supuestamente sirvió a Agripina y más tarde a Nerón, son ejemplos de cómo las mujeres podían utilizar el veneno como un medio de ejercer poder en una sociedad dominada por hombres. Sabemos muy poco sobre este intrigante personaje. Tal fue su fama que se le atribuyen (sin rigor histórico) más de 400 asesinatos mediante el uso de arsénico y setas tóxicas. Locusta fue una esclava de la

Agripina. Grabado de François Perrier, 1653.

Galia que, tras asesinar al amo que la maltrataba, se escondió en Roma para buscar fortuna aprovechando su vasto conocimiento de las plantas y hongos, tanto con fines medicinales como para otros usos más oscuros.

No hay muchos datos de la vida de Locusta. Su nombre aparece en obras de Tácito, Suetonio y Dion Casio, aunque a menudo con un enfoque sensacionalista. Se cree que estuvo al servicio de Calígula, pero parece estar más documentado que entró en la nómina de Agripina la Menor, tras ganarse su reputación en las laderas del monte Palatino, a donde acudían hombres y mujeres para recibir ponzoñas bien calculadas para un uso criminal.

Tras la ejecución de la emperatriz Mesalina por traición, el emperador Claudio contrajo matrimonio por cuarta vez con su sobrina Agripina, la hermana del fallecido Calígula y madre soltera de un tierno infante llamado Nerón. Claudio aportó al matrimonio a su hijo Británico, el heredero al trono. Pero Agripina tenía otros planes y ahí es donde supuestamente entró en acción Locusta.

En cuanto Claudio cedió a las pretensiones de que Nerón fuera nombrado sucesor imperial en perjuicio de su hijo Británico, Agripina quiso adelantar la toma de poder de su amado hijo y le preparó una sabrosa cena a su esposo a base de setas. Estas setas fueron proporcionadas supuestamente por Locusta a Agripina. Claudio murió entre fuertes dolores y convulsiones. Y poco después, Británico también fue envenenado, unos días antes de cumplir catorce años. Todo apunta a que Claudio comió setas envenenadas en vez de su delicia favorita comestible, la *Amanita caesarea*, nombrada así por ser la favorita de los césares. No le dieron al césar lo que es del césar, valga la expresión.

De esta manera, Nerón acabó siendo emperador. Algunos cronistas cuentan que también intentó envenenar a su madre, pero ella siempre iba acompañada de un *praegustator*. Al final, su hijo le encargó a uno de sus soldados que la apuñalara. Y el resto de la historia es la secuencia de acontecimientos que conocemos y hemos visto en las películas: el incendio de Roma, la persecución de los cristianos para ser arrojados a los leones en el Coliseo... Pues no, el Coliseo se construyó después y, aunque Nerón mandó asesinar a pequeños grupos de cristianos, lo de arrojarlos a las fieras no está tan claro. La persecución generalizada contra los cristianos comenzó en el siglo III, cuando el emperador Decio quiso restablecer por la fuerza los cultos tradicionales. En nuestro imaginario queda todo lo que hemos visto en películas como *Quo Vadis* y tantas otras, pero la historia es bien diferente. Al parecer Nerón tampoco fue el responsable directo del Gran Incendio de Roma ni tocó la lira mientras la ciudad ardía en llamas. De hecho, ni siquiera estaba allí cuando ocurrió.

El final de Locusta fue menos sutil que la muerte por envenenamiento a la que se dedicó en vida. Fue condenada por el emperador Galba, el sucesor de Nerón, a morir violada por una jirafa amaestrada para luego ser devorada por una manada de leones *(Dammantio ad bestias)*. O eso se lee en algunos libros y es la leyenda que se cuenta. Pero su ejecución no fue tan salvaje y morbosa. Las leyendas urbanas también existían en la antigua Roma. Y al final, por el hecho de ser mujer, venía bien difundir un castigo ejemplarizante. El machismo también existía en la antigua Roma. En realidad, todo apunta a que Locusta murió ejecutada por apuñalamiento o estrangulamiento tras ser paseada por las calles de Roma.

El veneno favorito de Locusta era el que se encuentra en la *Amanita phalloides*, un hongo del orden Agaricales bastante peligroso porque contiene amatotoxinas y falotoxinas, y al que se considera responsable de la mayoría de las muertes por intoxicación accidental tras su consumo.

Las toxinas de la *Amanita phalloides* bloquean la trascripción de las enzimas ARN polimerasa 1 y 2 en los organismos eucariontes, como nosotros, provocando necrosis en el hígado y los riñones. Recuerden: «Todas las setas son comestibles..., pero algunas solo se pueden tomar una vez». Este chascarrillo se atribuye al genial escritor británico Terry Pratchett, pero seguramente proviene de algún dicho o refrán anterior. Mi consejo es que nunca coman setas del campo si no están plenamente seguros de que son comestibles.

La escena de la muerte del emperador Claudio está inmortalizada en el final de *Yo, Claudio*, una aclamada serie de televisión británica de trece episodios que se emitió originalmente en 1976. Basada en las obras homónimas de Robert Graves: *Yo, Claudio* y *Claudio el dios y su esposa Mesalina*, ofrece un relato dramatizado de la historia de la dinastía Julio-Claudia del Imperio romano. La serie está narrada en primera persona por el emperador Claudio, que se representa como un historiador que escribe su propia biografía. La historia abarca desde

Portada del lanzamiento en Estados Unidos de la miniserie *Yo, Claudio* en DVD.

el asesinato de Julio César en el 44 a. C. hasta el propio asesinato de Claudio en el 54 d. C., ofreciendo una mirada íntima a las intrigas, traiciones y dramas de la corte imperial.

El actor Derek Jacobi interpretó de forma inolvidable al emperador Claudio, retratándolo como un hombre inteligente pero físicamente discapacitado, que lucha por sobrevivir en un ambiente peligroso fingiendo ser menos capaz de lo que realmente es. Aparecen personajes históricos notables como Augusto, Livia, Calígula y Agripina, cada uno interpretado por actores destacados de la época. *Yo, Claudio* fue aclamada por la crítica por su guion, actuaciones y fidelidad a los materiales de origen. Aunque se produjo con un presupuesto relativamente bajo, la serie es recordada por su fuerza narrativa y, sobre todo, por sus actuaciones convincentes.

Esta serie ha tenido un impacto duradero en la forma en que se representa la historia romana en la televisión y el cine. Ha influenciado numerosas producciones posteriores y sigue siendo una referencia para los dramas históricos. No se la pierdan si no la han visto.

Sobre Locusta, que no aparece mencionada en *Yo, Claudio*, hay pocas referencias. Una de ellas es el cuadro *Locusta probando veneno en un esclavo*, de 1880, del artista francés Joseph Noel Sylvestre, que también pintó la muerte de Séneca y otras escenas clásicas de la antigüedad.

MUERTE EN EL NILO

La muerte de Cleopatra en la película *Cleopatra*, de 1963, dirigida por Joseph L. Mankiewicz y protagonizada por Elizabeth Taylor, es una de las escenas más icónicas y memorables de la historia del cine. Esta película es famosa no solo por su calidad, sino también por su extravagancia y el gasto en su producción que la convirtió en la película más cara realizada hasta esa fecha. El nivel de inversión en la producción fue asombroso, alcanzando la sorprendente cifra de 7 millones de dólares cuando apenas se habían filmado 12 minutos de metraje. El rodaje en Italia fue una ruina, con un gasto de 80.000 dólares en agua embotellada. Además, la espectacular escena en la que Cleopatra hace su entrada triunfal en Roma costó medio millón de dólares, una suma que incluyó la reconstrucción a gran escala del Arco de Constantino, un anacronismo histórico dado que el verdadero arco no se construyó sino hasta tres siglos después. El coste final fue de casi 50 millones de dólares de la época.

La escena de la muerte de Cleopatra en la película es impresionante a nivel visual e inolvidable una vez vista. Después de la derrota de Marco Antonio (Richard Burton) y su posterior suicidio, Cleopatra se encuentra atrapada y desesperada, sabiendo que su captura por parte de Octavio (interpretado por Roddy McDowall) significaría el fin de su reinado y probablemente de su dignidad. En esta dramatización, Cleopatra se retira a su cámara funeraria, adornada con riquezas y símbolos de su poder pasado. En un acto de desafío final y control sobre su propio destino, elige terminar con su vida. La película sigue la narrativa tradicional de la muerte de Cleopatra: se muestra que se envenena con la mordedura de una serpiente, en concreto un áspid, que estaba escondida en una canasta de higos.

También la inmortal tragedia *Antonio y Cleopatra*, de William Shakespeare, una obra en cinco actos publicada en 1623, culmina con la muerte de la faraona egipcia a causa de la picadura de un áspid.

Aunque parece ser que la realidad fue algo distinta.

Cleopatra VII, última faraona del antiguo Egipto, es una figura que ha capturado la imaginación del mundo durante siglos. Nacida en el 69 a. C. en Alejandría, Cleopatra emergió de la dinastía Ptolemaica, fundada por Ptolomeo I, un general de Alejandro Magno. Desde temprana edad, Cleopatra demostró ser excepcionalmente inteligente y talentosa, poseyendo un carisma y una habilidad política que la distinguirían a lo largo de su vida. Educada en diversas disciplinas, desde matemáticas hasta astronomía, Cleopatra no era solo una líder natural, sino también una diplomática hábil y una persona culta y estudiosa. Su educación y habilidades la prepararon para asumir un papel activo en los complejos juegos de poder de su tiempo.

La lucha por el poder en Egipto llevó a Cleopatra a enfrentarse a su hermano y corregente, Ptolomeo XIII. Tras un conflicto que la obligó a huir a Siria, Cleopatra se alió con el poderoso líder romano Julio César. Con su apoyo, regresó a Egipto y logró consolidar su posición como faraona, derrotando a su hermano. La relación de Cleopatra con César fue

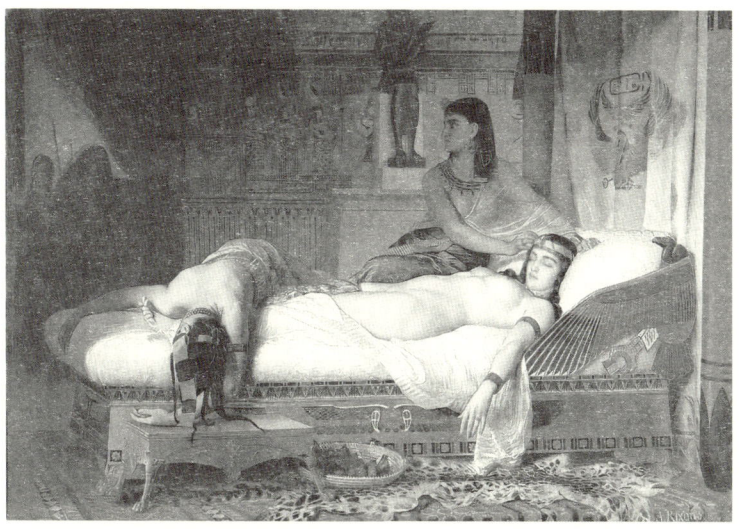

La muerte de Cleopatra, por Jean-André Rixens, 1874.

más que una alianza política y se dice que tuvieron un hijo juntos, Cesarión.

Existen más argumentos que respaldan la idea de que César fue el padre que los que sugieren lo contrario. Sin embargo, independientemente de su paternidad, el niño fue considerado ilegítimo y, al no haber sido adoptado, no tenía derecho a la ciudadanía romana.

Después del asesinato de César, Cleopatra se encontró en una posición precaria, pero rápidamente formó una nueva alianza, esta vez con Marco Antonio, otro líder romano destacado. Su relación con Marco Antonio no solo fue un asunto del corazón, sino también un acto de cálculo político. Juntos, intentaron formar un imperio que combinara las riquezas de Egipto con el poder de Roma. Sin embargo, la alianza de Cleopatra con Marco Antonio también la puso en conflicto con Octavio, el futuro emperador Augusto. La batalla de Actium en el 31 a. C., donde las fuerzas combinadas de Cleopatra y Antonio fueron derrotadas por las de Octavio, marcó el principio del fin para ambos amantes y la llegada de un nuevo orden a las tierras del Nilo.

La muerte de Cleopatra en el 30 a. C. ha sido objeto de fascinación y debate durante siglos. Tradicionalmente, se dice que se suicidó utilizando una serpiente venenosa, posiblemente un áspid o cobra egipcia. Sin embargo, esta narrativa, que se encuentra en los escritos de Plutarco, Suetonio y Dion Casio, ha sido cuestionada por historiadores modernos, quienes sugieren que pudo haber recurrido a un cóctel de venenos para asegurar su muerte, un método más confiable y menos doloroso que la mordedura de una serpiente.

Hasta la fecha, no se ha encontrado evidencia arqueológica definitiva que confirme cómo murió Cleopatra. Su tumba no ha sido descubierta y cualquier hipótesis dista mucho de ser confirmada a corto plazo.

Mientras tanto podemos consolarnos con la contemplación artística que ha inspirado durante siglos tan triste final en la pintura. Con el título *La muerte de Cleopatra* tenemos obras de los pintores Guido Cagnacci, en 1658, y actualmente expuesta en la Pinacoteca de Brera de Milán; de Jean-André Rixens, en 1869, y que se encuentra en el Museo de Las Agustinas de Toulouse; de Hans Makart, en 1865, en la Galería de Arte Neue Pinakothek de Munich y la del pintor filipino Juan Luna, que se puede contemplar en el Museo del Prado y que fue pintada en 1881.

Venenos en el Renacimiento

Durante la Edad Media, el uso de venenos para ganar riqueza y poder era una práctica más extendida de lo que nos podamos imaginar. En 1419, un grupo veneciano llamado el Consejo de los Diez se especializó en asesinatos a sueldo usando venenos. De hecho, han sobrevivido hasta hoy recetas de estas armas tóxicas, llamadas *secreta secretissima*, en documentos de entre 1540 y 1544. Estas recetas incluían ingredientes peligrosos como compuestos de mercurio y varias formas de arsénico. Tenían hasta sus tarifas oficiales y cada éxito en una operación se marcaba en sus archivos internos con la palabra *factum*.

A los ojos del presente resulta algo escalofriante saber que, en ciudades como Venecia y Roma, entre los siglos XV y XVII, existían escuelas para aquellos que querían aprender el arte del envenenamiento. Eran tiempos interesantes.

En este intrigante contexto histórico del Renacimiento destacó la familia Borgia, siendo el apellido más conocido en lo relacionado con el mundo de los venenos y los envenenamientos.

Rodrigo Borgia, que más tarde se convertiría en el papa Alejandro VI, lideró este clan. De origen valenciano y nacido en 1431, tuvo hijos como César y Lucrecia, a menudo asociados con muchas conspiraciones de asesinato por veneno. Aunque Lucrecia, que falleció a los 39 años, probablemente nunca mató a nadie, su hermano César sí que utilizaba el veneno para eliminar a sus enemigos. El arsénico era su veneno favorito, especialmente en una mezcla conocida como *cantarella* o *acquetta di Perugia*, compuesta de arsénico y fósforo como elementos tóxicos. Se dice que preparaban este veneno de una manera bastante macabra, envenenando a un cerdo con arsénico, dejándolo descomponerse y luego recolectando y secando el líquido que se filtraba del cadáver para obtener un polvo mortal parecido al azúcar.

En una época donde los anillos de veneno eran un accesorio misterioso y popular, cenar con la familia Borgia, conocida por su maestría en venenos, debía de ser una experiencia inquietante. Pero la historia ha revelado que la fama que tuvieron en vida, lo poco que vivieron y la que han tenido desde entonces es inmerecida. A los Borgia se los acusó de todo tipo de asesinatos, de incesto y corrupción política, entre otros escándalos. Sin embargo, la veracidad de muchas de estas acusaciones ha sido cuestionada y a menudo se consideran parte de una leyenda negra creada por sus enemigos, que nunca perdonaron su origen extranjero. Algo que se ha transmitido y perpetuado a lo largo del tiempo en la cultura popular, con algunas excepciones.

Mario Puzo, conocido por su famosa obra *El Padrino*, exploró la historia de esta familia en su novela *Los Borgia*, de 2001, donde presentó una visión más matizada de sus protagonistas. Puzo intenta desentrañar la compleja red de política, ambición y poder en la que se vieron envueltos los Borgia, mostrando un lado más humano y menos caricaturesco de estos históricos personajes. Aunque su obra es una novela y, por tanto, contiene elementos de ficción, Puzo realizó una extensa

Imagen promocional de la serie *Los Borgia,* creada por Neil Jordan, 2011.

investigación para retratar de la manera más fidedigna la vida y los tiempos de los Borgia.

Por otro lado, Dario Fo, dramaturgo y premio nobel de literatura, también abordó la figura de los Borgia en su obra *Lucrecia Borgia, la hija del Papa,* de 2014. Fo se centra en desmontar algunos de los mitos más escabrosos asociados a Lucrecia, a menudo presentada como una seductora y maquinadora mortal. En su obra, Fo presenta una versión de Lucrecia como una víctima de las circunstancias y las manipulaciones de su familia, ofreciendo una perspectiva alternativa a la imagen tradicionalmente negativa que se ha perpetuado en la historia y la cultura popular.

Aunque lo más normal fue el retrato sensacionalista, como en *Crímenes célebres*, de Alejandro Dumas, o en la obra

Retrato de Lucrecia
Borgia. Wellcome
Collection, autor y año
desconocido.

teatral *Lucrecia Borgia*, de Victor Hugo. En el arte pictórico destaca el cuadro *Una copa de vino con César Borgia*, del pintor británico John Maler Collier, que incluye a figuras como César Borgia, Lucrecia, el papa Alejandro y un joven desconocido sosteniendo una copa vacía. Esta pintura, de 1893, representa la reputación de los Borgia, sugiriendo la posibilidad de que el vino estuviera envenenado, reflejando la naturaleza traicionera atribuida a esta familia. Más recientemente, en 2011, tenemos la serie *The Borgias*, con un Jeremy Irons en plena forma interpretando al patriarca de la familia, el papa Alejandro VI. Es una buena serie, en mi opinión, pero exagerada en algunos momentos y con errores históricos que fueron criticados con dureza, entre ellos, la afición histriónica de los Borgia por los venenos.

Durante el siglo XVII, Giulia Toffana, una célebre envenenadora italiana, creó un veneno llamado *Aqua Toffana* (agua tofana), que se cree que era una solución de trióxido de arsénico y algún otro compuesto, seguramente un extracto de plantas venenosas. Se le atribuye haber llevado a cabo más de 600 envenenamientos, aunque fue una confesión a buen seguro exagerada que realizó bajo tortura antes de ser condenada a muerte. Los detalles sobre los primeros años de Giulia Toffana son escasos y a menudo contradictorios. Se cree que nació en Palermo, Sicilia, y que su madre, Thofania d'Adamo, también estaba involucrada en la creación y venta de venenos. Esta conexión familiar sugiere que Giulia pudo haber aprendido el arte de la toxicología desde una edad temprana.

Giulia Toffana, movida por una profunda empatía hacia la difícil situación de las mujeres de su tiempo, se hizo conocida por vender venenos a mujeres atrapadas en matrimonios problemáticos. Su figura se convirtió en un símbolo de ayuda para las mujeres enfrentadas a circunstancias adversas y complicadas. Sin embargo, el secreto de su negocio fue descubierto por las autoridades papales, gracias a la confesión de una clienta arrepentida que había intentado envenenar a su marido. A pesar de su infame reputación, Giulia era tan popular entre los ciudadanos que inicialmente impidieron su arresto y trataron de salvarla. En un intento desesperado por escapar, buscó refugio en una iglesia, donde encontró asilo.

La situación se complicó dramáticamente cuando corrió el rumor de que Giulia había envenenado el suministro de agua de Roma. Este rumor provocó tal alarma que las autoridades entraron en la iglesia, forzando su salida del santuario para ser llevada a un interrogatorio. Durante su encarcelamiento, Giulia fue sometida a condiciones extremas, incluyendo el uso de pesadas botas de plomo. Confesó los crímenes bajo tortura, como hemos dicho antes, y fue condenada a muerte.

En julio de 1659, Giulia Toffana fue ejecutada por ahorcamiento en el Campo de' Fiori, el mismo lugar donde murió quemado vivo Giordano Bruno seis décadas antes. Giulia murió junto con su hija Girolama y tres colaboradores. Después de su ejecución, su cuerpo fue arrojado sobre el muro de la iglesia que le había dado refugio. La caída de Giulia no solo significó su propio fin, sino que también arrastró a varios proveedores y clientes, quienes fueron arrestados y ejecutados, mientras que otros cómplices fueron condenados a las mazmorras del Palazzo Pucci. Su historia permanece como un oscuro y complejo capítulo en la historia del crimen y la justicia en la Italia del siglo XVII. Incluso esta versión sobre su vida está en entredicho y seguramente se confunda con otros casos de crímenes de la época.

El legado de Giulia Toffana, o de su leyenda, es complejo de juzgar. Por un lado, es vista como una asesina despiadada, pero, por otro, como una figura trágica que proporcionó un medio de escape a mujeres desesperadas en una sociedad patriarcal opresiva. El *Acqua Toffana* se ha convertido en parte del folclore de los venenos, simbolizando el poder mortal oculto bajo una fachada de inocencia.

A Giulia Toffana la hemos podido ver representada en algunas ilustraciones modernas, en su versión vengadora. Y existe una obra de teatro titulada *La Toffana*, dirigida por María Herrero y escrita por Vanessa Montfort. Esta obra se estrenó con éxito en julio de 2023 en el Festival Internacional de Teatro de Almagro.

Menos conocida que la historia de Giulia Toffana es la de la astróloga y envenenadora Gironima Spana, una figura central en un notable episodio de la historia criminal en la Roma del siglo XVII, conocido como la Persecución Spana. Este evento se desarrolló durante varios meses hasta marzo de 1660 e involucró a aproximadamente cuarenta ciudadanos acusados de vender o de usar veneno. Gironima Spana, junto con cuatro de sus ayudantes –Giovanna De Grandis, Maria Spinola, Graziosa Farina y Laura Crispoldi– fueron ejecutadas en Roma el 5 de julio de 1659 por su implicación directa en este asunto. La coincidencia en el mes, año y lugar de su ejecución favorece la tesis de que la historia de Giulia Toffana se pudiera haber confundido con la de las discípulas de Spana. O a lo mejor fue al revés.

El procedimiento de la persecución comenzó con el arresto de una de las vendedoras del veneno de Spana, Giovanna De Grandis, el 31 de enero de 1659. De Grandis, sorprendida en el acto vendiendo veneno, fue encarcelada en la prisión papal de Tor di Nona, donde delató a Gironima Spana durante los interrogatorios. Spana resistió el interrogatorio durante meses en la misma prisión antes de confesar finalmente. El caso de Spana dejó un relato en la historia, siendo recordada durante años como una de las asesinas en serie más infames de Europa en el siglo XVII. Una nueva exageración con una mujer como protagonista.

Otra familia que utilizó los venenos para ilícitos propósitos durante el Renacimiento fueron los Médici. Alejandro de Médici, llamado «el Moro» fue un noble político florentino y el primer duque de Florencia, al que en sus solo 26 años de vida se le atribuyen varios envenenamientos de rivales. Su hermanastra, Catalina de Médici, al casarse con el rey Enrique II, introdujo en Francia los conocimientos italianos sobre venenos y métodos de envenenamiento, ayudada por René Bianco y Cosme Ruggieri. El miedo del rey a ser envenenado era tal que incluyó un «cuerno de unicornio» (probablemente fuera colmillo de narval), considerado un antídoto, en su dote real. Catalina también es conocida por estar presuntamente involucrada en varios envenenamientos notorios, incluyendo los de la reina Juana de Albret de Navarra, el cardenal de Lorena, el mariscal de Francia y el duque de Anjou. Si fue cierto o no, seguramente nunca lo sabremos.

EL PALACIO DE LOS VENENOS

Catherine Monvoisin, más conocida como La Voisin, fue una figura central en el infame *Affaire des poisons* (Asunto de los venenos) que sacudió a Francia en la segunda mitad del siglo XVII. Esta época, marcada por la superstición y la obsesión por el ocultismo en las clases altas, proporcionó un terreno fértil para sus actividades nefastas.

En un principio, La Voisin comenzó su carrera como partera y curandera en París, pero su camino pronto se desvió, adentrándose en el mundo de la adivinación, la brujería y la preparación de venenos. Su clientela incluía miembros de la nobleza y, eventualmente, llegó a tener conexiones en la corte del rey Luis XIV en el Palacio de Versalles. Entre los servicios que ofrecía estaban las misas negras, hechizos, abortos y, de manera más siniestra, envenenamientos por encargo. Los venenos que utilizaba variaban, incluyendo el arsénico y otras sustancias tóxicas, que eran difíciles de detectar en aquella época.

Su influencia creció hasta el punto de tener entre sus clientes a figuras de la alta sociedad; se rumoreaba que madame de Montespan, la amante oficial del rey Luis XIV, había recurrido a sus servicios. La red de La Voisin se convirtió en un entramado de miedo y manipulación, donde la nobleza utilizaba sus venenos para deshacerse de rivales o enemigos. El escándalo explotó cuando Gabriel Nicolas de la Reynie, teniente general de policía, inició una investigación exhaustiva sobre ella y su plan para acabar con el Rey Sol. La Voisin fue arrestada en 1679 y, durante su juicio, reveló detalles escalofriantes sobre la magnitud de sus crímenes y las implicaciones de figuras de alto rango. Condenada a muerte por brujería, fue ejecutada en la hoguera en 1680.

La repercusión de este caso fue enorme y causó un gran revuelo en la corte y en la sociedad francesa. Como resultado, se endurecieron las medidas contra la brujería y el envenenamiento. La Voisin dejó un legado como una de las criminales más infames de la Francia del siglo XVII, representando la fascinación oscura de la época por el ocultismo y las artes prohibidas.

Resulta curioso que un personaje con tan largo recorrido y repercusión como La Voisin no pase de ser un personaje secundario en sus apariciones en la literatura o en el cine y las series. En *Versalles*, la serie de Canal+ que comenzó a emitirse en 2015, ni siquiera se la menciona. Algo que podría deberse a mi memoria cuando vi la serie, pero consultando el reparto completo en la web www.imdb.com podemos comprobar que no existió como personaje de la serie en ninguna de sus tres temporadas.

El reinado de Luis XV, que duró desde 1715 hasta 1774, marcó un cambio significativo con respecto a la era de su predecesor. Conocido inicialmente como «Luis el Amado», el gobierno de Luis XV se caracterizó inicialmente por esfuerzos para consolidar el poder real y continuar con el esplendor cultural de la corte. Sin embargo, su reinado se deterioró gradualmente debido a una combinación de liderazgo indeciso, alianzas mal

El niño Mozart se inclina ante madame de Pompadour. Dibujo del libro *La historia de las naciones más grandes,* de Ellis Sylvester y Charles Horne, 1900.

aconsejadas y creciente descontento público, preparando el escenario para la Revolución francesa.

A diferencia del control altamente centralizado de Luis XIV, la corte de Luis XV era menos estricta, permitiendo a los nobles y cortesanos más libertad para participar en intrigas políticas. Este cambio resultó una forma de manipulación y rivalidad en la corte más sutil pero igualmente potente.

Durante el reinado de Luis XV, el uso del veneno se volvió menos abiertamente político y más personal, involucrando a menudo enredos románticos, rencillas personales y disputas financieras. Sin embargo, estos casos aún tuvieron ramificaciones políticas significativas, reflejando la decadencia moral y social de la corte de Versalles.

Un caso para destacar fue el presunto intento de envenenamiento de Jeanne-Antoinette Poisson (sus enemigos le retiraban una 's' de su apellido para referirse a ella), más conocida como madame de Pompadour, la influyente amante del rey. El envenenamiento de madame de Pompadour es un evento mencionado en la historia de la corte francesa, pero los detalles específicos sobre el incidente, incluyendo el tipo de veneno y el perpetrador, son en gran medida desconocidos, o basados en conjeturas y no en una evidencia histórica documentada.

Hay una curiosa conexión que une a madame de Pompadour con el compositor Wolfgang Amadeus Mozart. La anécdota cuenta que cuando Mozart tenía seis años, durante su gira por Europa con su familia, visitaron la corte del rey Luis XV en Versalles. Durante esta reunión, el jovencito Mozart tuvo la oportunidad de conocer a madame de Pompadour. Según la historia, Mozart le pidió a madame de Pompadour un beso, pero ella se negó con elegancia, a lo que Mozart supuestamente respondió aliviado que mejor así porque ella olía muy mal. Hay un grabado que recoge esta escena, pintado por Vicente de Paredes, aunque nunca sabremos si el niño Mozart fue tan impertinente como cuentan.

Y ya que estamos con Mozart, la muerte del famoso compositor austríaco Wolfgang Amadeus Mozart (1756-1791) ha sido objeto de múltiples teorías a lo largo de los años. Una de las más intrigantes es la idea de que fue envenenado. Según una leyenda, poco antes de morir, Mozart le confesó a su esposa Constanze que creía haber sido envenenado, aunque no identificó a su asesino. Hay una historia de que, en su lecho de muerte, dijo que estaba escribiendo el Réquiem para sí mismo. Entre los sospechosos del crimen se incluye al compositor italiano Antonio Salieri, envuelto en rumores de envidia hacia Mozart, como vimos en la estupenda película *Amadeus*, de Milos Forman.

Entre las teorías sobre el veneno utilizado, se menciona el *Acqua Toffana*. Sin embargo, muchos ahora creen que la causa de su muerte fue una sobredosis accidental de mercurio que Mozart estaba usando para tratar la sífilis. Y no, no hay ni evidencia ni sospecha de que Salieri estuviera implicado en la muerte de Mozart.

También existe una teoría menos conocida que sugiere que Mozart murió por triquinosis, una enfermedad causada por parásitos presentes en carne de cerdo mal cocida, coincidiendo con los síntomas que mostró Mozart. Aunque la causa exacta de su muerte sigue siendo un misterio, las especulaciones seguirán ahí.

Napoleón empapelado

¿Murió Napoleón Bonaparte envenenado? Durante años se ha especulado si el fallecimiento en 1821 en la isla de Santa Elena fue provocado por algún tipo de veneno. El propio Napoleón avivó las dudas sobre su muerte al declarar en su testamento, escrito tres semanas antes de morir a los 51 años, que sospechaba ser víctima de una aristocracia inglesa que intentaba acabar con él. La hipótesis más extendida sobre la causa de muerte del emperador en el exilio fue el envenenamiento por arsénico, teoría que ganó fuerza tras la preservación inusual de su cuerpo cuando fue desenterrado en 1840 para ser trasladado a París. Esto podría deberse a que el arsénico, que también es tóxico para los microorganismos implicados en la descomposición de materia orgánica, frena la descomposición de los tejidos humanos, un proceso conocido como «momificación por arsénico».

Semanas antes de morir, Napoleón experimentó un deterioro progresivo de su salud, manifestándose en dolores abdominales constantes, debilidad creciente y estreñimiento persistente. En las últimas semanas de su vida, sufrió síntomas severos como vómitos reiterados, hipo continuo y la formación de coágulos sanguíneos o tromboflebitis, en diferentes partes de su cuerpo.

Tras su fallecimiento, los médicos que examinaron su cuerpo, el 6 de mayo de 1821, atribuyeron su muerte a un cáncer gástrico exacerbado por úlceras estomacales sangrantes. Esta conclusión se basó, en parte, en el hecho de que Napoleón había recibido el día antes de morir una dosis considerable de calomelano (cloruro de mercurio), un medicamento popular en su época. Sin embargo, esta versión de los hechos ha sido objeto de debate y especulación entre patólogos y expertos médicos durante más de un siglo, generando múltiples teorías y diagnósticos alternativos que han sido tema de extensa discusión en libros y publicaciones de todo tipo.

En 1961, un dentista sueco llamado Sten Forshufvud y dos colegas suyos, publicaron un artículo en la prestigiosa revista *Nature*. Este artículo, que captó la atención internacional, presentaba un análisis de un mechón de cabello de Napoleón, presumiblemente tomado poco después de su muerte. El equipo anunció la posibilidad de que Napoleón hubiera fallecido debido a envenenamiento por arsénico, basándose en una tecnología avanzada de análisis químico.

Inicialmente, Forshufvud y sus colegas indicaron que no podían determinar con certeza si el arsénico se encontraba distribuido de manera uniforme (indicando una exposición constante) o concentrado en un solo punto (como sería en caso de una única exposición elevada). Posteriormente, un segundo análisis realizado por el mismo equipo en otra muestra de cabello, siempre presuntamente de Napoleón, reveló nuevamente altos niveles de arsénico. Sugirieron que Napoleón estuvo expuesto al arsénico de forma intermitente durante aproximadamente cuatro meses antes de su muerte, y descartaron la posibilidad de que el arsénico se hubiera añadido *post mortem*.

Décadas más tarde, los químicos canadienses J. Thomas Hindmarch y John Savory publicaron una refutación a estas afirmaciones de envenenamiento por arsénico. Recordaron que, en la época de Napoleón, el arsénico era un elemento bastante

El vals del arsénico. Un caballero invita a bailar a una dama, ambos representados como esqueletos, manifestando de esta manera el efecto tóxico de tintes y pigmentos de arsénico en la ropa y accesorios. Grabado en madera, autor desconocido, 1862.

común, usado en una variedad de productos, desde tónicos hasta rodenticidas y tintes para ropa. También señalaron que el arsénico podría haber estado presente en el entorno de Napoleón, incluido el papel de pared de su dormitorio y en el agua de la isla de Santa Elena, y mencionaron también que las muestras de cabello de análisis anteriores podrían haber sido preservadas en soluciones de arsénico.

En 2008, un grupo de investigadores italianos amplió el estudio sobre la hipótesis del envenenamiento de Napoleón, analizando mechones de su cabello tomados en diferentes etapas de su vida, incluyendo su infancia, su período de exilio, el día de su muerte y el día posterior. Además, examinaron muestras de cabello de su hijo, Napoleón II, y de su esposa, la emperatriz Josefina. Descubrieron que todas las muestras presentaban niveles elevados de arsénico, aproximadamente 100 veces superiores a los encontrados en muestras de personas contemporáneas usadas como referencia. Los investigadores del Instituto Nacional de Física Nuclear de Italia llegaron a la conclusión de que estos hallazgos apuntaban a una exposición crónica, posiblemente debido a factores ambientales o hábitos alimenticios y de tratamiento médico de la época, que hoy en día ya no se pueden identificar fácilmente.

A pesar de estas explicaciones racionales, diversas teorías de conspiración sobre el envenenamiento por arsénico han capturado la imaginación de periodistas e historiadores. Una teoría popular sugiere que Charles Tristan, marqués de Montholon, compañero de Napoleón en Santa Elena, pudo haber sido el responsable, accidental o no, del supuesto asesinato, motivado posiblemente por una herencia significativa dejada por Napoleón en su testamento. Nada hace pensar que esto fuera así.

Pero la posibilidad menos espectacular pero más curiosa y citada, que ya apuntaron Hindmarch y Savory, es que Napoleón hubiera estado expuesto al veneno a través de los vapores tóxicos emitidos por el papel con que estaba recubierta su habitación en la Casa de Longwood, donde estuvo prisionero hasta su muerte. Seguro que lo han escuchado en alguna ocasión. En los años 80 del pasado siglo se analizaron los restos del papel decorativo de la habitación de Napoleón, pintado con rosetas verdes y marrones, y se encontró arsénico. Lo raro hubiera sido no encontrarlo porque en aquella época casi cualquier objeto pintado de verde había sido tratado con pigmentos que contienen arsénico, como el verde de París o el verde de Scheele, y que no hay que confundirlos entre ellos, aunque presentan unas características muy parecidas.

Hay otra historia menos conocida que relaciona a Napoleón, en concreto a uno de sus sobrinos, con el apasionante mundo de los venenos. Charles Lucien Bonaparte fue un naturalista y político francés. Era hijo de Lucien Bonaparte, hermano del emperador Napoleón y de Alexandrine de Bleschamp. Es reconocido como uno de los pioneros en la descripción de las proteínas de los venenos de serpiente, siendo el primero en establecer su naturaleza proteica en 1843. Estas proteínas constituyen el 90-95 % del peso seco del veneno y son responsables de casi todos sus efectos biológicos.

Y finalmente, relacionado con Napoleón y los venenos, está la historia del envenenamiento con adelfas en las afueras de Ronda, durante la invasión napoleónica de España a principios del siglo XIX, en el contexto de la mal llamada guerra de la Independencia Española (1808-1814). Según se relata, un grupo de soldados franceses, desconociendo la toxicidad de la flora local, utilizó ramas de adelfa para asar carne. La adelfa, o *Nerium oleander*, es una planta muy común en la región mediterránea y es extremadamente tóxica. Contiene glucósicos cardíacos como la oleandrina y la neandrina, que son muy peligrosos tanto para los seres humanos como para los animales. En pequeñas dosis producen náuseas y vómitos, y si se aumenta la dosis pueden producir un grave daño cardíaco.

Las consecuencias del error de las tropas de Napoleón fueron graves. Muchos soldados enfermaron y otros fallecieron debido a la intoxicación. Esta historia se ha contado de muchas maneras a lo largo de la historia, desmedida en la mayoría de las ocasiones. Se ha hablado de la aniquilación de todo un batallón, algo que hubiera quedado registrado con más transcendencia y no ha sido así. Y también que todo fue una trampa de la oprimida población, que preparó una fiesta para los soldados y los envenenaron con adelfas. La propaganda de guerra y las exageraciones interesadas no son algo nuevo.

CRIMEN EN EL ÁRTICO

En 1821, el mismo año en que murió Napoleón, nació uno de los exploradores del Ártico más entusiastas y todo un ejemplo del romanticismo aventurero de mediados del siglo XIX. Su nombre, Charles Francis Hall. Su supuesto asesinato, cincuenta años después en Groenlandia, se cree que está relacionado directamente con el arsénico y la historia nos ha ido revelando poco a poco la intriga sobre este hecho histórico tan poco conocido.

Hall nació en Vermont, pero su infancia transcurrió en Rochester, una pequeña ciudad perteneciente al estado de New Hampshire. Sin mucha educación formal, Hall demostró desde joven una curiosidad insaciable y un espíritu aventurero. En la década de 1840, Hall se casó y se trasladó hacia el oeste, estableciéndose finalmente en Cincinnati, Ohio, en 1849. Allí, puso en marcha un pequeño negocio de grabado de sellos y, más tarde, fundó dos periódicos, el *Cincinnati Ocasional* y el *Daily Press*. Fue durante este tiempo en Cincinnati cuando su pasión por el Ártico comenzó a brillar alimentada por lecturas sobre su geografía e historia. Esta pasión lo llevó, a la tardía edad de 39 años, a decidir buscar supervivientes de la fatídica expedición de sir John Franklin, que había desaparecido 15 años antes. Ni siquiera el hallazgo de cadáveres y artefactos de la expedición Franklin en 1859 por Francis Leopold M'Clintock logró disuadirlo; Hall estaba convencido de que aún podría haber supervivientes viviendo entre los esquimales.

A pesar de carecer de experiencia en navegación, Hall se dirigió a la costa este a principios de 1860. Allí conoció a Henry Grinnell, fundador de la Sociedad Estadounidense de Geografía y Estadística, y un entusiasta del Ártico. Gracias a Grinnell, Hall se puso en contacto con empresas balleneras en New London, Connecticut. Una de ellas le ofreció un pasaje gratuito a la isla de Baffin, y fue así como Hall se embarcó hacia el Ártico por primera vez el 29 de mayo de 1860, a bordo del barco George Henry, comandado por el capitán Sidney O. Budington. El plan de Hall era desembarcar en la isla y contratar esquimales para que le acompañaran. Sin embargo, su misión enfrentó obstáculos inesperados: su embarcación de expedición sufrió graves daños y quedó inutilizable. Además, durante su viaje, Hall descubrió que lo que se creía era un estrecho, en realidad era una bahía, y este descubrimiento inesperado le impidió acercarse siquiera a su destino final, la isla del Rey Guillermo.

Y aunque podamos pensar que su primera expedición fue un fracaso, que en parte lo fue, lo cierto es que a Hall le sirvió para conocer a una pareja de balleneros esquimales, Ebierbing y Tookolito, que habían vivido en Inglaterra a principios de 1850, donde aprendieron el idioma inglés y de los que se dijo que fueron invitados a tomar té por la mismísima reina Victoria. Hall regresó a los Estados Unidos con los esquimales y comenzó a dar conferencias utilizando a los inuit como reclamo, vestidos con sus trajes y loando hazañas en los confines del mundo.

Pero Hall seguía obsesionado con encontrar supervivientes de la expedición de Franklin en la isla del Rey Guillermo, una leyenda que alimentaba con vehemencia en sus conferencias y libros. Volvió a intentarlo en 1869, pero solo encontró objetos y esqueletos de los marineros de Franklin.

Durante el transcurso de esta última expedición, Hall concibió el ambicioso plan de emprender un viaje al Polo Norte en su siguiente aventura. Tras su retorno a New Bedford, Massachusetts, en septiembre de 1869, captó el interés del presidente Ulysses S. Grant y de influyentes figuras del Congreso. Como resultado, se le otorgó un presupuesto de cincuenta mil dólares y el liderazgo de lo que se denominaría la Expedición Polaris.

La Expedición Polaris contó con una tripulación inicial de 25 hombres. Entre ellos se encontraban viejos conocidos de Hall, y el médico y naturalista alemán Emil Bessels como jefe científico. Esta aventura, bien organizada y equipada, no estuvo exenta de tumultos desde su comienzo, enfrentándose a divisiones internas y desafíos a la autoridad de Hall.

El Polaris, bajo la hábil dirección del capitán Budington, partió el 3 de julio de 1871 desde el puerto de New London. Navegó hacia el norte a través de la bahía de Baffin, cruzando el estrecho de Smith, la cuenca de Kane, el canal Kennedy, la cuenca de Hall y, finalmente, el canal Robeson. En septiembre, establecieron un récord de navegación hacia el norte, llegando a los 82°11'N, cerca del mar de Lincoln, pero el avance se vio obstaculizado por el hielo. Hall instruyó a Budington para buscar un lugar adecuado para el campamento de invierno, que encontraron en la costa occidental de Groenlandia, en la cuenca de Hall, bautizado como refugio de «Gracias a Dios» (actual bahía Hall), donde se establecieron el 10 de septiembre de 1871.

Durante una expedición en trineo en octubre, Hall cayó enfermo repentinamente tras beber una taza de café, sufriendo convulsiones y posteriormente vómitos y delirios. Aunque mostró una breve mejoría, acusó a varios miembros de la expedición, incluido al capitán Budington y al Dr. Bessels, de intentar envenenarle. Después de un resurgimiento de los síntomas, Hall falleció el 8 de noviembre y fue sepultado en un solemne entierro durante la larga noche polar.

La muerte de Hall afectó profundamente la moral de la expedición y todo fue a peor. En el otoño de 1872, mientras Budington trataba de dirigir el dañado Polaris hacia el sur, una tormenta en el estrecho de Smith separó un témpano de hielo con 19 personas sobre él, incluidos hombres, mujeres y niños esquimales, del barco. Tras seis meses a la deriva, recorriendo aproximadamente dos mil kilómetros, fueron rescatados por un cazador de focas. Mientras tanto, Budington y el resto de la tripulación, que habían encallado el Polaris cerca de Etah, en Groenlandia, pasaron allí el invierno y fueron recogidos en primavera por el capitán William Allen del ballenero escocés Ravenscraig.

Una investigación naval exoneró a Budington de cargos graves, concluyendo que Hall había muerto de apoplejía. Sin embargo, los registros de la investigación revelaron profundas tensiones y conflictos entre los oficiales, incluyendo desacuerdos y enfrentamientos entre Budington y Hall, así como entre Hall y el Dr. Emil Bessels.

En agosto de 1968, Chauncey C. Loomis, un biógrafo de Hall y profesor en Dartmouth College, lideró una expedición a Groenlandia con el objetivo de exhumar el cuerpo de Hall. Afortunadamente, el permafrost había conservado en excelente estado el cuerpo, la mortaja, la vestimenta y el féretro de Hall. Los análisis realizados en muestras de tejidos, huesos, uñas y cabello revelaron que Hall había sido envenenado con altas dosis de arsénico durante las últimas dos semanas antes de su muerte. En concreto, se detectaron unas 80 partes por millón (ppm) de arsénico en las uñas de Hall. Una cifra que indica una exposición muy alta.

Esta conclusión coincide con los síntomas descritos por los integrantes de la expedición. Existe la posibilidad de que Hall se hubiera autoadministrado el veneno, dado que el arsénico era un componente habitual en algunos medicamentos del botiquín de Hall, ya que tomaba su medicación a espaldas del Dr. Bessels porque no se fiaba de él. Loomis planteó la hipótesis de que Hall pudo haber sido asesinado por otro miembro de la expedición, posiblemente por el propio Bessels, aunque nunca se formalizaron acusaciones al respecto. Recientemente, se han descubierto cartas cariñosas entre Hall y Bessels dirigidas a Vinnie Ream, una joven escultora que ambos conocieron en Nueva York durante la preparación del Polaris, lo que ha generado nuevas especulaciones sobre un posible móvil de Bessels para eliminar a Hall.

Emil Bessels escribió en 1879 un libro titulado *Polaris: Recuerdos del científico jefe de la expedición estadounidense al Polo Norte,* un relato de la expedición que incluye interesante información científica sobre antropología, geología, flora y fauna. Pero con poca información sobre la muerte de Hall. Quizá nunca sepamos lo que ocurrió.

Por desgracia, no hay adaptaciones al cine o novelas sobre la Expedición Polaris o sobre la vida de Charles Francis Hall, al contrario que ha ocurrido con la expedición perdida de Franklin. *The Terror*, de Dan Simmons, es probablemente la novela más conocida inspirada en ella. Publicada en 2007, es una mezcla de historia y ficción sobrenatural. La novela sigue a la tripulación de los barcos HMS Erebus y HMS Terror, explorando no solo los desafíos reales de la expedición sino también añadiendo elementos de horror y supervivencia. Hubo una adaptación como serie de televisión en 2018 producida por Ridley Scott.

EL CASO MARIE LAFARGE

La detección de los venenos durante la Antigüedad y las edades Media y Moderna era un problema de difícil resolución, por no decir imposible, salvo confesión o que se atrapara al envenenador o envenenadora *in fraganti*. Además, los síntomas de envenenamiento se confundían perfectamente con los síntomas de otras muchas enfermedades. Otra forma de comprobar si un alimento estaba envenenado era la de darle los restos del alimento sospechoso a un animal vivo, como un perro, y observar sus efectos. Pero no siempre funcionaba y al no poder establecerse una causa-efecto directa, muchos criminales escaparon de la justicia.

El caso de Marie Lafarge es un relato tan apasionante y complejo que desentrañarlo requiere sumergirse en las profundidades de la toxicología, la justicia y los matices de la sociedad del siglo XIX.

En las Navidades de 1839, el tranquilo escenario rural de Francia se vio sacudido por un caso de asesinato que involucró a una joven de la alta sociedad y el uso de un veneno casi indetectable. Nacida como Marie-Fortunée Capelle en 1816, Marie se había casado unos meses antes del crimen, con Charles Lafarge, un hombre de negocios de éxito. El matrimonio no fue feliz, y pronto surgieron rumores de problemas financieros y tensiones personales. Marie nunca se acostumbró a la vida apartada de un París lleno de bullicio y vida social.

El caso de Marie Lafarge gira en torno al supuesto asesinato de su esposo mediante el uso de arsénico. Este elemento es crucial, no solo por la naturaleza del crimen, sino también por cómo su investigación marcó un antes y un después en la toxicología forense.

Charles Lafarge comenzó a enfermar en diciembre de 1839, poco después de recibir un pastel de Navidad enviado por Marie, quien se encontraba en París en ese momento. Sus síntomas, que incluían vómitos severos y dolor abdominal, eran coherentes con una intoxicación por arsénico. A pesar de recibir atención médica, Charles falleció el 14 de enero de 1840.

La sospecha recayó rápidamente sobre Marie, y las autoridades iniciaron una investigación. Durante la autopsia de Charles, los médicos notaron signos que sugerían envenenamiento por arsénico, como inflamación del estómago e intestinos. Sin embargo, en esa época, las técnicas para detectar arsénico en tejidos humanos no eran completamente fiables.

Y aquí es donde Mateu Orfila jugó un papel decisivo. Orfila, un renombrado toxicólogo y químico de origen menorquín, fue llamado para examinar las evidencias. Utilizó un método que había desarrollado, basado en la química, para detectar la presencia de arsénico. Este método, conocido como la prueba de Marsh, permitía identificar incluso pequeñas cantidades de arsénico en tejidos y objetos.

La prueba de Marsh, desarrollada por el químico inglés James Marsh en 1836, que fue ayudante del gran Michael Faraday, representa un hito en la historia de la toxicología forense. Esta prueba nació de la frustración de no poder superar las li-

Portada original del libro *Tratado de los venenos: extraídos de los reinos mineral, vegetal y animal, o de la toxicología general, considerados a la luz de la Fisiología, la Patología y la Medicina legal,* por Mateu Orfila, 1814.

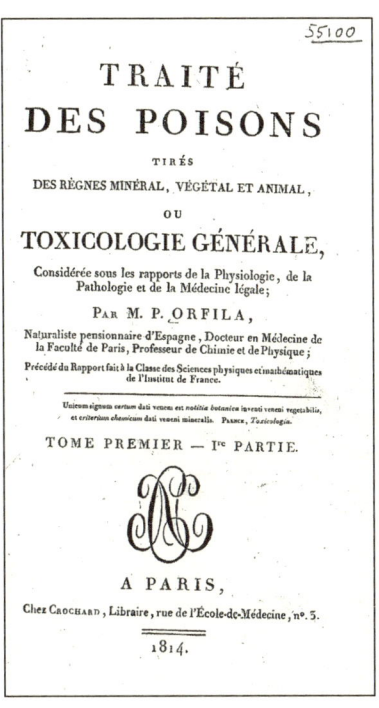

mitaciones de los métodos existentes de detección de arsénico, que en ese momento eran poco fiables y no podían identificar pequeñas cantidades del veneno. Su desarrollo fue motivado por un caso en 1832, donde la incapacidad para demostrar la presencia de arsénico en un asesinato dio lugar a la absolución del acusado.

John Bodle fue acusado de asesinar a su abuelo con arsénico, que le iba proporcionando en pequeñas dosis en su café. En medio de este dramático proceso, James Marsh, que en esas fechas ejercía de químico del Royal Arsenal de Woolwich, recibió el encargo de la fiscalía para realizar una tarea crítica, la de detectar la presencia de arsénico en las muestras biológicas del estómago del cadáver del abuelo de Bodle.

Marsh empleó la técnica estándar de aquel entonces, que consistía en hacer pasar sulfuro de hidrógeno a través del líquido sospechoso de contener arsénico. Esta prueba logró identificar la presencia de arsénico, ya que provocaba la formación de un precipitado amarillo característico. Sin embargo, este precipitado tenía una debilidad crucial: no era estable. Para cuando Marsh presentó su hallazgo ante el jurado, el evidente precipitado amarillo se había degradado, perdiendo su fiabilidad como prueba.

Este fracaso en el laboratorio llevó a un desenlace en la sala del tribunal. El jurado, que no estaba convencido por la evidencia presentada, absolvió a John Bodle. La historia tomó un giro aún más irónico y frustrante cuando, poco después, Bodle confesó que, efectivamente, había asesinado a su abuelo.

Profundamente afectado por este fracaso y motivado por la revelación de Bodle, Marsh se embarcó en la misión de desarrollar un método más confiable y definitivo para detectar arsénico. Su determinación no solo estaba impulsada por la búsqueda de justicia en este caso en particular, sino también por el deseo de aportar a la ciencia forense una herramienta que pudiera soportar el escrutinio judicial y evitar futuras injusticias. Este impulso llevaría a Marsh a desarrollar su famosa prueba, marcando un hito en la historia de la investigación criminal.

El principio en el que se basa la prueba de Marsh es la química del arsénico. Específicamente, aprovecha la propiedad de este elemento para formar gas arsina (AsH_3) cuando se expone a ácido y zinc. La arsina, un gas altamente tóxico, se descompone al calentarse, dejando un residuo de arsénico elemental. Este proceso permite detectar incluso cantidades mínimas de arsénico en una muestra.

El procedimiento de la prueba comienza con la preparación de la muestra, que podría ser tejido humano, alimentos o líquidos. Esta se coloca en un recipiente con agua destilada y se acidifica, generalmente con ácido sulfúrico. Luego, se agrega zinc metálico, que reacciona con el ácido liberando hidrógeno. Si hay arsénico presente, este reacciona con el hidrógeno para formar gas arsina. Este gas se conduce a través de un tubo donde, al calentarse, la arsina se descompone en arsénico elemental y gas hidrógeno. El arsénico se deposita en el tubo en forma de un espejo metálico o mancha negra, lo que constituye una evidencia visual clara de la presencia de arsénico. Esta mancha o espejo se examina para confirmar su identidad, realizando pruebas adicionales como su solubilidad en lejía y su reacción con ácido nítrico para formar ácido arsénico.

La prueba de Marsh tenía varias ventajas significativas. Su sensibilidad permitía detectar cantidades minúsculas de arsénico, haciéndola extremadamente útil en investigaciones forenses. Además, era específica; aunque otros metales pueden formar gases con zinc y ácido, el patrón de descomposición y el residuo metálico son distintivos para el arsénico.

Sin embargo, la prueba también tenía limitaciones y desafíos. La generación de gas arsina es un proceso peligroso debido a la toxicidad de la arsina. Requería un manejo cuidadoso y conocimiento químico para evitar resultados erróneos o accidentes. Además, ciertas sustancias en la muestra podrían interferir con la prueba o enmascarar la presencia de arsénico.

Pero volvamos con Marie Lafarge.

El juicio de Marie se convirtió en un gran espectáculo mediático. La prensa de la época lo cubrió extensamente, alimentando el interés público con detalles sobre la vida de Marie, su matrimonio infeliz y el proceso judicial. Este caso se convirtió en uno de los primeros «juicios mediáticos» de la era moderna, con la sociedad francesa siguiendo cada giro y revelación del

Retrato de Marie Lafarge extraído de un informe judicial sobre el caso Lafarge, autor desconocido, 1840.

M.ᵐᵉ LAFARGE

caso. Las crónicas de los periódicos no solo informaban sobre los hechos, sino que también influían en la opinión pública respecto a la culpabilidad o inocencia de Marie.

Orfila utilizó la prueba de Marsch para demostrar la culpabilidad de Marie Lafarge, no sin antes realizar una explicación de esta en términos que podríamos asimilar a la divulgación científica actual, con un tono didáctico y accesible, para que el jurado la entendiera. Además, su intervención fue clave para despejar las dudas sobre la práctica de la prueba que habían hecho antes dos farmacéuticos locales que la habían hecho mal.

Marie Lafarge fue finalmente declarada culpable y condenada a cadena perpetua. El caso de Marie Lafarge causó una gran división en la sociedad francesa. La escritora George Sand, por ejemplo, expresó a su amigo el pintor Eugène Delacroix su preocupación por el intenso interés que el caso generaba. Cabe destacar que Marie Lafarge era una ávida lectora de las obras de Sand. Por otro lado, enemigos científicos de Orfila como Françoise Vicent Raspail, en respuesta a su insatisfacción con el juicio, redactó y distribuyó folletos provocativos contra Orfila y abogó por la liberación de Marie. Muchos consideraban a Marie una víctima de la injusticia, condenada basándose en pruebas científicas de dudosa fiabilidad.

En defensa contra estas críticas, Orfila, en los meses posteriores al juicio, dio varias conferencias públicas, a menudo acompañado por miembros de la Academia de Medicina de París, donde explicaba su enfoque en la prueba de Marsh. Estas exposiciones elevaron tanto la conciencia pública sobre la prueba que incluso se representaron en obras de teatro y en salones sociales, recreando el caso Lafarge.

En cuanto a Marie, durante su tiempo en prisión, escribió sus memorias, publicadas en 1841. Finalmente, en junio de 1852, aquejada de tuberculosis, fue liberada por Napoleón III. Se trasladó a Ussat, en el departamento de Ariège, donde falleció el 7 de noviembre de ese año, manteniendo su inocencia hasta el último momento.

La importancia de la prueba de Marsh fue más allá de su aplicación técnica. Transformó la toxicología forense al permitir la detección fiable y precisa de venenos en investigaciones criminales. Aunque hoy en día ha sido reemplazada por métodos más avanzados como las técnicas de espectroscopia, la prueba de Marsh será recordada por su papel pionero en la ciencia forense y su impacto en casos judiciales notorios. Su desarrollo marcó un cambio fundamental en la forma en que la ciencia podía ser aplicada en el ámbito legal, sentando las bases para la moderna toxicología forense.

EL ARSÉNICO EN LA FICCIÓN

Como hemos visto, llegados a este punto, el arsénico ha mantenido una reputación notoria y bien merecida, consagrándose sin duda como el «rey de los venenos». Este título no es casualidad: el arsénico, con su presencia sigilosa en innumerables intrigas y dramas mortales, ha tejido su legado en los anales tanto del crimen real como del imaginario literario.

El arsénico, con su símbolo químico As y número atómico 33, es un elemento fascinante con una larga historia. Las pruebas de la presencia del arsénico y su uso por parte de nuestros antepasados datan del Neolítico. Una de estas evidencias fue el descubrimiento de elevadas cantidades de cobre y arsénico en el pelo de la momia Ötzi, perteneciente a la Edad del Cobre. En las civilizaciones antiguas de Asia, el arsénico ya era reconocido tanto por sus aplicaciones médicas como por su uso como veneno, comúnmente en forma de rejalgar, que es un sulfuro de arsénico. Este conocimiento llegó al mundo helénico mediterráneo tras las conquistas de Alejandro Magno.

Le debemos a san Alberto Magno, patrón de las ciencias, su descubrimiento como elemento químico, algo que ocurrió alrededor del año 1250. Este elemento también figura en la literatura medieval, como en *Los cuentos de Canterbury* de Geoffrey Chaucer, escritos a finales del siglo XIV. A lo largo de la historia, el arsénico ha tenido un papel notorio en la Antigüedad, Edad Media y Era Moderna, como hemos comprobado llegados a este punto del libro.

La toxicidad del arsénico es conocida desde tiempos antiguos, y casi todos sus compuestos son peligrosos. Sin embargo, es interesante señalar que el arsénico puro no es excesivamente tóxico. El compuesto más peligroso es el trióxido de arsénico (As_2O_3), un polvo fino con un sabor ligeramente ácido. Este compuesto reacciona lentamente con el agua para formar ácido arsenioso, de fórmula $As(OH)_3$, un ácido inorgánico. El ácido arsenioso es notable por su estructura piramidal, que consta de tres grupos hidroxilo unidos al átomo de arsénico. Una particularidad de este compuesto es que solo se conoce en solución acuosa.

El arsénico ha tenido muchas aplicaciones a lo largo de la historia, desde su uso en medicina hasta su papel en la fabricación de ciertos tipos de vidrio. Sin embargo, debido a su toxicidad, su uso ha disminuido considerablemente en tiempos modernos, y se han implementado regulaciones estrictas para su manejo y disposición. A pesar de esto, el arsénico sigue siendo un tema de estudio en muchas áreas de la ciencia, incluyendo la química, la toxicología y la medicina ambiental. Este hecho no ha pasado desapercibido en el mundo de la ficción.

Asociado siempre a venenos y envenenamientos, al arsénico lo hemos encontrado en libros y películas de suspense, en series de televisión, dando nombre a canciones y en multitud de sitios más.

Les dejo con algunos ejemplos seleccionados entre centenares de referencias y con alguna explicación adicional sobre el arsénico y los compuestos arsenicales.

El nombre de la rosa

Nos centraremos en la película dirigida por el francés Jean Jacques Annaud, estrenada en 1986 y protagonizada por Sean Connery y Christian Slater. Es una adaptación del libro homónimo de Umberto Eco, publicado en 1980. Seguramente recordarán la icónica escena en la que Guillermo de Baskerville, acompañado de su ayudante Adso, descubre el secreto del enigmático pero entrañable monje, Jorge de Burgos (interpretado por Fedor Chaliapin Jr.). En esta escena, Jorge les invita a hojear un libro prohibido, vinculado a misteriosas muertes en la abadía. Esta escena es memorable. ¿Pero qué hay del veneno en las páginas de la última copia del segundo libro de *Poética* de Aristóteles? Guillermo, con astucia, usa guantes para manipularlo. ¿Recuerdan su color? Así es, era de color verde. Este detalle nos lleva al arsénico, específicamente a compuestos como el arsenito de cobre (verde de Scheele) o el acetoarsenito de cobre (verde de París). Sin embargo, cabe destacar que estos pigmentos se desarrollaron más de cuatro siglos después de la época medieval, el período en el que se ambienta la historia.

Los compuestos de arsénico que se conocían en la época en la que se desarrolla el libro y la película no eran de color verde. De hecho, el origen etimológico arsénico proviene de *arsenikon*, donde en griego antiguo *arsen* significaba varonil o macho. Este vocablo griego venía de la voz *zarnikh*, que en siríaco significaba amarillo o dorado. Por tanto, no es de extrañar que recibiera ese nombre lo que conocemos ahora como oropimente, un sulfuro de arsénico, y que tiene un color amarillo o amarillo anaranjado.

En 2018, un equipo de expertos daneses descubrió tres libros antiguos en la biblioteca de la Universidad del Sur de Dinamarca (SDU) cuyas cubiertas estaban recubiertas con un compuesto venenoso: arsénico. Estos libros, que incluían dos textos históricos y una biografía de figuras religiosas, databan de los siglos XVI y XVII. Todas las cubiertas tenían en común la presencia de arsénico.

Contrariamente a lo que podría pensarse, este hallazgo no estaba relacionado con algún intento de dañar a nadie y menos al potencial lector. Jakob Holck y Kaare Lund Rasmussen, el bibliotecario de investigación y el profesor de Física, Química y Farmacia de la SDU, quienes descubrieron y analizaron los libros, descartaron esta posibilidad. Explicaron que es más probable que, en algún momento del pasado, alguien pintara las cubiertas de estos libros con un pigmento verde que contenía arsénico. La toxicidad del arsénico en compuestos como el verde de París no fue reconocida hasta la segunda mitad del siglo XIX, por lo que el uso de este pigmento en ese momento no se consideraría inusual o peligroso.

Y, por cierto, la historia sobre libros envenenados es recurrente en la literatura. Aparece en los cuentos orientales de *Las mil y una noches* y en leyendas de la cultura asiática.

Arsénico por compasión

Es una adaptación al cine de 1944 de una obra de teatro escrita por el dramaturgo estadounidense Joseph Kesselring. Frank Capra dirigió esta divertida comedia negra, protagonizada por Cary Grant, que interpreta a Mortimer Brewster, un crítico de teatro que descubre en el día de su boda un crimen en serie. Sus adorables tías han estado envenenando a hombres solitarios con una mezcla de vino y arsénico, creyendo que es un acto de caridad. Mortimer también se entera de que su tío Teddy, quien cree ser Theodore Roosevelt, ha estado enterrando los cuerpos en el sótano de la casa.

Mientras Mortimer intenta lidiar con esta situación, su hermano prófugo, Jonathan, y su cómplice, el Dr. Einstein, llegan buscando un escondite y descubren los cadáveres. Jonathan

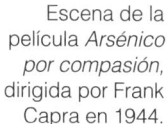

Escena de la película *Arsénico por compasión,* dirigida por Frank Capra en 1944.

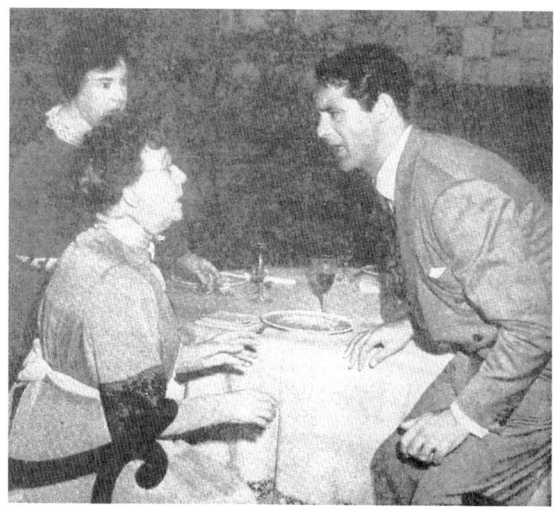

planea matar a Mortimer, pero el plan se ve frustrado cuando las tías alertan a la policía, dando como resultado el arresto de Jonathan y Einstein. La película concluye con Teddy y sus tías yendo voluntariamente a una institución mental, y Mortimer, aliviado de no ser un Brewster de sangre, se va de luna de miel con su esposa Elaine. La obra es un clásico del humor negro, mezclando comedia con elementos macabros de manera magistral. Aunque no hay mucho relacionado con el arsénico aparte del título, es una película tan icónica del uso de este veneno que no puede faltar su mención.

Madame Bovary

Obra universal del realismo, escrita por Gustave Flaubert y publicada en 1857 (curiosamente no muchos años después de la prueba o test de Marsch, del que hablamos en otro capítulo). Fue un escándalo en su época. El arsénico aparece en varias ocasiones, donde se confunde con azúcar. Flaubert, conocido por su meticulosa atención al detalle y su deseo de

Grabado de Eugène Abot para la novela de Gustave Flaubert *Madame Bovary*, París, A. Quantin, 1885.

realismo, se documentó exhaustivamente sobre el arsénico para describir con precisión los efectos del veneno en el cuerpo humano. En este libro Flaubert describe la muerte con arsénico inspirado en los libros de medicina de su padre y con el asesoramiento de un amigo estudiante de Medicina. En relación con el proceso de escritura, Flaubert dijo: «Mis personajes imaginarios me afectan, me persiguen o quizás soy yo el que está en ellos. Cuando escribí el envenenamiento de Emma, sentía tanto el gusto del arsénico en la boca que sufrí dos indigestiones y vomité toda la cena». Más realismo, imposible.

Las novelas de Agatha Christie

Aunque la estrella de los venenos en Agatha Christie es el cianuro y le dedicaremos un capítulo aparte a la Dama del Misterio, podemos mencionar varias obras donde aparece el arsénico de forma destacable, como en *La hidra de Lerna* (1927), *El club de los martes* (1932), *Matar es fácil* (1939), *Intriga en Bagdad* (1951), *El truco de los espejos* (1952), *Después del funeral* (1953) y *El tren de las 4:50* (1957).

Durante la Primera Guerra Mundial, Christie trabajó como enfermera y más tarde en una farmacia. Esta experiencia le proporcionó un conocimiento práctico sobre drogas y venenos, incluyendo el arsénico. Su conocimiento del arsénico no se limitaba solo a su toxicidad, sino que también incluía sus síntomas, métodos de administración y cómo podría ser detectado en un examen *post mortem*.

Las novelas de Annie Hocking

Naomi Annie Hocking Messer fue una autora contemporánea de Agatha Christie, apodada como «Mona». Sus historias de crímenes tenían como protagonista al superintendente en jefe William Austen. Anne Hocking fue una escritora muy prolífica, autora de más de 40 novelas de género negro entre 1930 y 1962. Una de ellas, *Los malvados huyen* (1940) se convirtió en una película policíaca británica en 1957. Que haya tenido pocas adaptaciones al cine quizá sea la causa de que sea poco conocida. Entre los libros donde aparece el arsénico y que están traducidos al español tenemos: *Candidatos a la muerte* (1961) y *Las víctimas juegan* (1938), aunque hay muchas más obras de Hocking en las que la palabra veneno o insinuaciones sobre los venenos aparecen en sus títulos: *Azul de Prusia* (1947), *Hay muerte en la copa* (1952), *Veneno en el paraíso* (1955), *El camino simple del veneno* (1957), *Cáliz envenenado* (1959)...

Otras referencias en la literatura

Edgar Wallace, otro maestro del misterio británico y padre del *thriller,* tiene un relato corto titulado *La caída de*

Mr. Reader, donde aparece el arsénico como parte fundamental de la historia. Aquí ya aparecen fragmentos interesantes sobre la detección del arsénico, en plan CSI, donde en pocas horas determinan con exactitud la causa de la muerte. El arsénico aparece en *El biombo lacado*, de Robert Van Gulik, una de sus novelas sobre el juez Di, un funcionario chino inspirado en un personaje del siglo VII; un personaje histórico que ya fue famoso en su propia época, como juez, durante la primera parte de su carrera, por su capacidad de deducción, y luego por su actuación como ministro en la Corte Imperial de la Emperatriz Wu.

Y en cuanto a autores nacionales, tenemos a Peter Debry, nacido en Barcelona, cuyo nombre real era Pedro Víctor Debrigode Dugi. Debry es uno de los grandes autores de la novela popular española en su época de esplendor, la que va desde los años cuarenta hasta los primeros años 70 del siglo XX, cuando la televisión hizo su aparición y cambió los hábitos de consumo de la sociedad española. Fue autor de centenares de títulos en la amplia diversidad de géneros que caracterizaba esta manifestación cultural, aunque destacó en el terreno de la novela de aventuras y de la novela policíaca. Adoptó varios pseudónimos. Uno de sus libros se titula *Arsénico y estilete*.

Podríamos seguir con otras autoras, como Dorothy Sayers, Miranda James y autores como Dashiel Hammet en alguno de sus relatos cortos, pero la aparición del arsénico en estas obras es meramente anecdótica y con poco interés añadido más allá de la mera mención del tipo de veneno.

Cine y televisión

Una búsqueda de la palabra clave «arsénico» en la web *Internet Movie Data Base* (www.imdb.com) nos deja una larga lista de películas y series con este veneno presente en su argumento. La mayoría son adaptaciones de novelas negras, series de televisión como *CSI*, *Se ha escrito un crimen* o *Perry Mason* y largometrajes como *Iván el terrible*, de Peter Moers, o la adaptación de Claude Chabrol de la novela *Madame Bovary* en 1991.

En el cine de Alfred Hitchcock hay hasta cuatro referencias a venenos, siendo el arsénico uno de sus protagonistas. La escena del vaso de leche en *Sospecha* (1941), protagonizada por Cary Grant y Joan Fontaine, es una de las más emblemáticas del cine de suspense. En esta escena, el personaje de Grant, Johnnie Aysgarth, lleva un vaso de leche a su esposa, Lina (interpretada por Joan Fontaine), quien está en la cama. Lina empieza a sospechar que su marido planea matarla para cobrar su seguro de vida, especialmente después de que él haya estado preguntando a una amiga escritora de novelas de misterio sobre venenos indetectables. Esto último debería haber sido motivo suficiente para descartar el arsénico, pero Hitchcock no era tan fino como otros autores.

Lo más notable de esta escena es el uso de efectos visuales para aumentar la tensión. Hitchcock colocó una bombilla en el vaso para hacer que su contenido pareciera brillar, potenciando así el miedo del espectador a que la leche estuviera envenenada. Esta técnica visual se complementa con el uso de la música. Durante la escena, se reproduce una versión triste del vals *Sangre vienesa*, de Johann Strauss, lo que añade una atmósfera de inquietud y duda en contraste con las versiones más alegres y ligeras del mismo vals utilizadas en otros momentos felices de la película.

Esta escena, en la que se cuestiona si la leche está o no envenenada, atormenta a Lina hasta el punto de no atreverse a beberla. Hitchcock originalmente quería que el personaje de Grant fuera culpable, pero el estudio insistió en que el público no aceptaría a Grant como asesino, lo que llevó a un cambio en la trama y a la ambigüedad característica de esta mítica escena.

La reina de los venenos

Si el arsénico es el indiscutible rey de los venenos, a la aconitina la podemos considerar como la reina por méritos propios.

La aconitina, un alcaloide tóxico producido por diversas especies del género *Aconitum,* también conocido como acónito o matalobos, ha sido parte integral de la historia, la literatura, y la cultura popular debido a su naturaleza venenosa y a su uso en medicina. En la antigua Roma, Ovidio ya se refería a la aconitina al hablar de las malvadas madrastras que mezclaban «acónitos temibles», y fue el veneno que Medea ofrece a Teseo en la mitología clásica. Su legado se perpetuó y aparece en obras literarias como *El crimen de lord Arthur Saville* de Oscar Wilde, *El árbol de la ciencia*, de Pío Baroja, y en *Ulises*, de James Joyce, donde el padre de Leopold Bloom usa pastillas de esta sustancia para suicidarse. En las *Crónicas de Cadfael*, de la novelista Ellis Peters, dos personajes principales se envenenan mutuamente con acónito. También en la serie *Dexter*, Hannah McKay, la novia del protagonista en las últimas temporadas, usa a la reina de los venenos para envenenar a sus víctimas en más de una ocasión. Y dentro de la industria de los videojuegos, nos la podemos encontrar en *Assassins Creed: La Hermandad*, donde aparece como un bien muy apreciado para seguir con vida y continuar la partida.

Más allá de la ficción, la aconitina ha sido un veneno presente en la historia. Durante la Rebelión india de 1857, se intentó envenenar a un destacamento británico con aconitina; las crónicas negras están repletas de casos de envenenamiento con aconitina. Por ejemplo, en 1881, el médico adicto a la morfina George Henry Lamson usó aconitina para asesinar a su cuñado en busca de una herencia. Y en 2009, la británica Lakhvir Singh utilizó aconitina mezclada con curry para envenenar a su examante en Londres. Se dijo de este caso que fue la primera vez que se utilizaba la aconitina en Reino Unido, de forma criminal, desde 1882.

Pero la infame historia de la aconitina no acabó con la llegada de tiempos más civilizados. Grigori Mairanovski, también conocido como el Profesor veneno o el Menguele ruso, fue un bioquímico soviético que dirigió el Laboratorio 1 del NKDV, un centro de investigación toxicológica destinado al desarrollo de venenos letales y sus antídotos, desde 1938 hasta 1946. La aconitina fue empleada para la eliminación de disidentes políticos y enemigos del pueblo soviético. El sueño de Mairanovski fue el de encontrar un veneno capaz de matar a una persona sin dejar rastro alguno en el análisis forense.

Volviendo a la química, la aconitina es un alcaloide diterpénico, el más activo presente en el género de plantas *Aconitum,* siendo la raíz de esta familia de plantas fanerógamas el lugar en el que se encuentra en mayor cantidad. En Europa la más frecuente es el *Aconitum napellus.* La denominación correcta de su molécula es la de acetilbenzoilaconina; se trata de una sustancia poco soluble en agua pero soluble en disolventes como alcohol o éter y, sobre todo, en cloroformo. La vía de exposición más frecuente como veneno es la digestiva, aunque también se puede producir la intoxicación a través de las mucosas o incluso de la piel, por vía dérmica, de forma accidental.

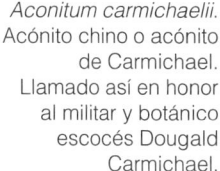

Aconitum carmichaelii. Acónito chino o acónito de Carmichael. Llamado así en honor al militar y botánico escocés Dougald Carmichael.

La aconitina es capaz de producir la apertura de los canales de sodio de las células nerviosas y musculares. Una dosis elevada ingerida (alrededor de 0,2-1 mg) produce una sensación de hormigueo y picor en la boca, que se extiende hacia la cara y la garganta. La víctima de una intoxicación tiene la sensación de que su cabeza aumenta de tamaño de forma desmesurada, una sensación que rápidamente se propaga al resto de su cuerpo y extremidades. Náuseas, malestar, vértigo, calambres, arritmia y hasta fibrilación ventricular son otros de los síntomas que pueden causar finalmente la muerte si la dosis absorbida ha sido tan solo de unos 2-3 mg. El malogrado súbdito o súbdita que cae en las garras de la reina de los venenos es plenamente consciente en todo momento de tales padecimientos y mantiene su lucidez durante todo el curso de la intoxicación. Debe de ser terrible.

No hay un tratamiento específico para la intoxicación aguda por aconitina. El tratamiento, con atropina o lidocaína, se dirige solo hacia los síntomas y las posibilidades de supervivencia, cuando se han absorbido dosis de 2 o 3 mg de aconitina cristalizada, son muy escasas. Si a esta dosis letal tan pequeña, se le une la facilidad que tiene la aconitina para hidrolizarse y descomponerse, no es de extrañar que haya sido tan estudiada y utilizada como el supuesto veneno perfecto. Toda una reina, en definitiva.

Una reina que el mismísimo noble lord Arthur Saville, de la obra de Oscar Wilde que hemos citado al principio de este capítulo, eligió cuidadosamente para sus perversos propósitos en los términos que podemos leer a continuación:

«De la ciencia de los venenos, sin embargo, no conocía absolutamente nada, y como le pareció que al mozo no le era posible encontrar nada sobre este asunto en la biblioteca, más allá de la *Guía Ruff* y la revista *Baily*, comenzó a buscar por sí mismo en los anaqueles, y por fin dio con una edición de la *Pharmacopaeia*, lujosamente encuadernada, y un ejemplar de la *Toxicología de Erskine*, editada por sir Mathew Reid, que era presidente del Colegio Real de Medicina, y uno de los más antiguos socios del club Buckingham, y que había sido elegido, por equivocación, en lugar de otro individuo; un contratiempo que enfureció de tal manera al Comité, que cuando se presentó el verdadero propietario a ocupar su lugar, fue puesto en la lista negra por unanimidad. Lord Arthur se sentía un poco confuso por los términos técnicos que aparecían en los dos libros, y comenzó a lamentar el no haber puesto mayor atención en el estudio de sus clásicos en Oxford, cuando en el segundo tomo de Erskine se encontró con una muy interesante y completa descripción sobre las propiedades de la aconitina, escrita en un inglés bastante claro. Le pareció que era exactamente la clase de veneno que necesitaba. Era rápido, sin lugar a duda, casi inmediato en sus efectos; no producía dolor, y cuando se ingería en forma de una cápsula de gelatina, lo más recomendado por sir Mathew, no tenía nada de sabor desagradable. Desde luego anotó en el puño de su camisa la cantidad que era necesaria para una dosis fatal, y volviendo a dejar los libros en su sitio, abandonó el club dirigiéndose hacia arriba de la calle St. James, al establecimiento de Pestle y Humbey, los famosos químicos».

Les recomiendo que lean completa esta apasionante novela del genio de Wilde. Merece la pena.

SHAKESPEARE IN POISON

En la obra del dramaturgo británico William Shakespeare nos encontramos con multitud de referencias a venenos y envenenamientos. La expresión «veneno», tanto como *poison* como *venom,* la encontramos en casi dos centenares de ocasiones en el conjunto de sus obras. Además, Shakespeare menciona bastantes nombres de plantas y animales venenosos a lo largo de sus inmortales tragedias y comedias. Y, por esto, merece un capítulo propio.

El conocimiento de Shakespeare de los venenos y sus efectos era irregular. Cuando describía los síntomas, rara vez nombraba el veneno que los causaba y, si nombraba el veneno, rara vez describía cómo afectaba a la víctima; se limitaba solo a matar al personaje sin dramatismo añadido.

La química y escritora Kathryn Harkup cuenta en su libro *Death by Shakespeare,* que emplear venenos para matar en una obra de teatro ofrecía beneficios tanto prácticos como dramáticos. Se evita el uso de sangre y violencia gráfica, lo que siempre resulta complicado, y es un problema enorme para las lavanderas que deben limpiar los trajes. Además, los actores pueden sacar partido de su escena de muerte, exhibiendo asfixia, posiblemente temblores o hasta convulsiones. Aunque estas actuaciones no siempre fueron exactas desde el punto de vista científico, sirven como método efectivo para indicarle al público que un personaje ha sido envenenado. Sin embargo, este tipo de finales exageradamente dramáticos no siempre son bien recibidos. Un crítico comentó acerca de la extensa muerte del actor del siglo XVIII David Garrick en *Hamlet:* «No nos agrada ver a los personajes contorsionándose y agitándose sobre las alfombras».

En *Hamlet*, el veneno es una herramienta de traición y venganza. Claudio asesina a su hermano, el rey, vertiendo veneno en su oído, una muerte que representa el poder sigiloso y traicionero del veneno. El clímax de la obra exhibe una serie de envenenamientos: Laertes y Hamlet se hieren con espadas envenenadas y la reina Gertrudis muere al beber vino envenenado destinado a Hamlet. Esta cadena de eventos subraya cómo el veneno, a menudo oculto y sin sospechas, puede desencadenar una tragedia masiva. Aquí, el veneno empleado es el beleño, con efectos bastante conocidos en su tiempo. Es probable que Shakespeare se inspirara para verter veneno en el oído en una práctica común para tratar el dolor de oídos en la época, en la que se utilizaban aceites de beleño y extracto de cannabis. También se sabía que este tratamiento podía provocar comportamientos extraños.

Romeo y Julieta es otra tragedia donde el veneno juega un papel central. La muerte de Romeo, causada por beber veneno creyendo que Julieta está muerta, y el posterior suicidio de Julieta ilustran el papel del veneno como símbolo de desesperación y tristeza profunda.

Shakespeare también explora el uso de venenos en *Macbeth*. La famosa escena de la caldera de las brujas, donde se prepara un brebaje con una variedad de ingredientes horripilantes, refleja la asociación del veneno con la hechicería y lo sobrenatural. Aunque no se menciona un veneno específico, la escena evoca la nocividad y el misterio asociados a estas sustancias.

Romeo y el boticario. Dibujo de esta escena donde Romeo le da dinero a un boticario en pago por el veneno que le permitirá suicidarse. Autor desconocido, entre 1700 y 1799.

En *Otelo*, se sugiere el uso de veneno de una manera metafórica. Iago, el antagonista, constantemente habla de envenenar los pensamientos de Otelo, lo que finalmente conduce a la tragedia. Aquí, el veneno se utiliza como una metáfora del engaño y la manipulación.

Rodrigo López fue un médico de origen portugués y ascendente judío, que se convirtió al cristianismo y posteriormente se estableció en Londres, donde llegó a ser el médico personal de la reina Isabel I. Durante el periodo de conflictos entre España e Inglaterra, fue acusado de traición y de conspirar para envenenar a la reina. Estas acusaciones llevaron a su condena y posterior ejecución en la horca. Este incidente político notorio fue una de las fuentes de inspiración de la obra *El mercader de Venecia*.

En *La tragedia del rey Lear*, el personaje de Edgar menciona el *ratsbane* (veneno para ratas, probablemente arsénico), reflejando cómo los venenos comunes eran conocidos y temidos en la época. Y en *Antonio y Cleopatra*, Cleopatra usa un áspid para suicidarse, una forma de envenenamiento que refleja tanto su majestad como su desesperación.

Cimbelino es una de las obras menos conocidas de Shakespeare. En ella, la reina se empeña en investigar diversas técnicas de la alquimia para eliminar a aquellos que obstaculizan su camino. Sus blancos son su esposo, el rey, y su hijastra Imogen, encarnando el arquetipo de la malvada madrastra presente en numerosos cuentos de hadas. La monarca contrata al doctor Cornelio para que la instruya en la elaboración de perfumes y otras mezclas. Lo que empieza como un aprendizaje en alquimia básica rápidamente se transforma en un estudio sobre venenos. Aunque su pretexto es ampliar su conocimiento, su afirmación de que solo pretende matar animales pequeños, y no humanos, no resulta convincente. La reina usa su conocimiento sobre las ponzoñas como excusa para engañar tanto al médico como a Imogen, su hijastra prevista como víctima. Le entrega a Imogen los venenos en una caja que dice contener medicinas. Sin embargo, el doctor, nada convencido por los argumentos de la reina sobre las «virtudes» y efectos positivos, intuye sus planes y decide sabotearlos. En lugar de venenos mortales coloca drogas que adormecen en lugar de causar la muerte. Cuando Imogen ingiere el contenido de la caja, creyendo que son medicinas suaves, solo cae inconsciente, frustrando así los planes de la reina. Si quieren saber cómo termina esta historia, tendrán que leer al Bardo de Avon.

La época de Shakespeare fue un tiempo en el que los venenos eran tanto temidos como mal entendidos. Las creencias populares, como la idea de que los venenos causaban hinchazón (mencionada en *Antonio y Cleopatra*), reflejan las limitaciones de la medicina de aquellos años. Además, la falta de regulación y conocimiento sobre los compuestos tóxicos llevó a su uso en cosméticos y medicamentos, como se refleja en la obsesión por la belleza pálida y las mejillas rojas, popular entre las mujeres de la época isabelina.

LA SINFONÍA DEL PLOMO

El 26 de marzo de 1827 fallecía en Viena a los 56 años el compositor y director de orquesta Ludwig van Beethoven, una de las más importantes, influyentes y conocidas figuras de la historia de la música. Aunque durante los últimos años se ha insinuado, con evidencia científica discutible y mucha repercusión mediática, que la causa directa de su muerte fue una intoxicación por plomo, lo cierto es que, a pesar de la escasez de datos objetivos que confirmen su muerte por intoxicación aguda con este metal, sí hay pruebas reales (muestras de pelo y huesos) de que Beethoven sufriera una intoxicación por exposición a plomo a lo largo de su vida y fuera este un factor determinante que se agravó con otras patologías previas que sufría el compositor alemán.

El caso de Beethoven y su enfermedad crónica ocasionada por la intoxicación con plomo es un clásico que se cita siempre que se estudia la toxicidad de este elemento químico y sus derivados, especialmente para explicar sus efectos en la personalidad y la conducta de quienes lo padecen o han padecido. Pero los efectos negativos para la salud provocados por la manipulación, ingestión y utilización del plomo nos acompañan desde hace miles de años.

El resto arqueológico más antiguo del que se tiene constancia son unas cuentas de collar metálicas y unos anillos encontrados en el asentamiento neolítico de Çatalhöyük, situado en la actual Turquía, y que datan del año 6400 a. C. En estos objetos el plomo no se encontraba en su estado nativo, sino fundido con otros metales. De hecho, el plomo es un elemento químico que rara vez se encuentra en su estado elemental en la naturaleza, siendo su principal mena la galena (sulfuro de plomo) seguida de la cerusita o albayalde (carbonato de plomo).

Sus características de brillo, densidad, maleabilidad y resistencia a la corrosión hicieron que su uso fuera muy popular en la antigüedad, siendo empleado para múltiples aplicaciones: plomadas para la pesca o pulverizado como sombra de ojos en el antiguo Egipto, material para esculturas en la ciudad de Troya, vasos y recipientes en Mesopotamia, láminas de escritura en la Grecia de Hesíodo... Pero fueron los romanos los que desarrollaron una impresionante tecnología para la explotación a gran escala del plomo, empleándolo como recubrimiento de utensilios de bronce o cobre (vasos y ollas de cocina) o como metal constituyente de tuberías y conducciones en los acueductos. Incluso descubrieron su uso como conservante y aromatizante, siendo una práctica gastronómica habitual el cocer mosto o vino en un recipiente de plomo para obtener *defrutum, carenum y sapa,* las tres variedades más populares y consumidas por la clase alta de Roma.

Se han reproducido las condiciones en las que se fabricaba *sapa* para analizar su contenido, obteniéndose un valor de 1.000 ppm de plomo en la bebida final. Bastaría con tomar una cucharadita de *sapa* al día para provocar una severa intoxicación crónica por plomo, así que no es de extrañar que algunos autores hayan propuesto una arriesgada –y seguramente equivocada– conjetura que señala a las intoxicaciones por plomo como causa de la caída del Imperio romano.

Beethoven en 1823 retratado por Ferdinand Georg Waldmüller.

Los efectos para la salud como consecuencia de la exposición al plomo han sido descritos desde muy antiguo. Nicandro (siglo II a. C.) describió el cólico y la parálisis que observaba en los envenenados por plomo. Clásicamente se señala a Hipócrates (en el 370 a. C.) como el primero en observar los síntomas en un trabajador del metal, pero al parecer no es del todo cierto. Fue finalmente Dioscórides (siglo I d. C.) quien describió por primera vez de forma inequívoca la intoxicación por litargirio (óxido de plomo) de la siguiente manera: «El consumo de litargirio causa opresión en el estómago, el vientre e intestinos, dolorosos cólicos; se retiene la orina mientras que el cuerpo se hincha y adquiere una fea tonalidad plomiza».

A través de la historia existen otras referencias de conocidos personajes, aparte de Beethoven, que han sido víctimas de la presencia del plomo en su trabajo. El pintor milanés Caravaggio tenía la poco higiénica costumbre de comer junto a sus lienzos y pinturas, un hecho por el que algunos autores han apuntado la posibilidad de que su muerte fuera debida a la ingestión del plomo inorgánico de los pigmentos con los que trabajaba. Un reciente análisis de los huesos de este genio del Barroco ha venido a dar más crédito a esta hipótesis. Otros pintores, como Vincent van Gogh, también se cree que fueron víctimas de los óxidos de plomo, ya que lo empleaban en sus óleos, y se ha pretendido justificar ciertas conductas extravagantes o incluso violentas, como el mal carácter de Caravaggio, a causa del saturnismo que supuestamente padecían. También se ha hablado de que las *Pinturas negras* de Francisco de Goya son el resultado de un cuadro de intoxicación por plomo.

El plomo es un potente neurotóxico. Lo podemos encontrar a nuestro alrededor en diversas presentaciones: como plomo metal (muy peligroso cuando se funde a más de 500 ºC), derivados inorgánicos (litargirio, minio, cromato de plomo, arseniato de plomo, sulfuro de plomo, etc.) y derivados orgánicos (acetato de plomo, tetraetilo de plomo, estearato de plomo y muchos otros). Los principales vehículos de exposición y contacto con el plomo son el aire, el agua, el suelo, a través de algunos alimentos o artículos de consumo, aunque la fuente más importante de intoxicación actualmente es la exposición laboral.

A la intoxicación por plomo se la denomina clínicamente como saturnismo o plumbosis. El término saturnismo tiene su origen en la Edad Media cuando los alquimistas asociaron el plomo con Saturno, el planeta observable con el movimiento más lento, una característica que les sugería un planeta muy pesado, como lo es el plomo. Paradójicamente, el símbolo alquímico para el plomo era la guadaña de Saturno, la representación mitológica de la muerte, una correspondencia que no ha ido muy desencaminada con la historia de este metal.

La acción tóxica del plomo puede ser aguda (absorción de una dosis importante en un periodo corto de tiempo) o crónica (absorción de una dosis menor, pero de forma continuada y repetida durante un largo periodo de tiempo). En la intoxicación aguda, tras la ingestión de agua o alimentos contaminados con plomo, se pueden apreciar los síntomas ya descritos desde la antigüedad: dolor abdominal, cólicos, oliguria, uremia…, hasta incluso llegar a parálisis, delirios, convulsiones debidas a la acción neurotóxica del plomo. Puede dejar secuelas neurológicas irreversibles o incluso causar la muerte.

La intoxicación crónica es más frecuente, sobre todo en el ámbito laboral e industrial. Pueden no manifestarse los síntomas hasta que ya es demasiado tarde. En una primera fase llamada presaturnismo, los afectados pueden presentar cansancio, dispepsia, insomnio, dolor muscular, alteraciones del carácter y, en algunos casos, una línea azul violácea característica en las encías (ribete gingival de Burton), que se corresponde con la acumulación de sulfuro de plomo en esa zona de la boca. Una fase posterior, ya como saturnismo, conduce a una anemia y a una agravación de los síntomas de la fase presaturnina, en especial los neurológicos: parálisis en los dedos de la mano, cefaleas, irritabilidad, hasta incluso llegar a delirios y convulsiones. En casos extremos (normalmente tras una crisis aguda) pueden producirse lesiones renales irreversibles e incluso la muerte.

Pocos años antes de su muerte y ya enfermo, Beethoven dejó una carta para sus hermanos Carl y Johann. Una desgarradora epístola que ha pasado a la posteridad como el Testamento de Heiligenstadt, y cuyas palabras escritas hace 200 años reflejan la angustia y el lamento de todos aquellos que han sufrido injustamente las iras de Saturno alguna vez en su vida:

> «Oh vosotros, hombres que me miráis y me juzgáis huraño, loco o misántropo, ¡cuán injustos habéis sido conmigo! ¡Ignoráis la oculta razón de que os aparezca así! Mi corazón y mi espíritu se mostraron inclinados desde la infancia al dulce sentimiento de la bondad, y a realizar grandes acciones he estado siempre dispuesto; pero pensad tan solo cuál es mi espantosa situación desde hace seis años, agravada por médicos sin juicio, engañado de año en año con la esperanza de un mejoramiento, y al fin abandonado a la perspectiva de un mal durable, cuya curación demanda años tal vez, cuando no sea enteramente imposible».

LUDWIG VAN BEETHOVEN, 1812.

La muerte de Beethoven por la ingesta de compuestos de plomo no se puede enmarcar en lo que consideramos envenenamiento, si hablamos en términos estrictos. No podemos ser tan contundentes como en la siguiente historia, quizá una de las mayores intoxicaciones crónicas de nuestro pasado reciente.

El tetraetilo de plomo se comenzó a utilizar en los años 20 del siglo pasado, en plena ebullición de la industria de la automoción, como un aditivo para la gasolina. Este compuesto tenía el propósito de aumentar el octanaje y prevenir el «golpeteo» del motor, mejorando así el rendimiento de los motores de combustión interna. Su uso se popularizó rápidamente, convirtiéndose en un componente estándar de la gasolina para automóviles en todo el mundo.

Sin embargo, a pesar de sus beneficios para los motores, el tetraetilo de plomo era altamente tóxico. Su combustión liberaba plomo al medio ambiente, lo que daba como resultado una contaminación generalizada del aire, del agua y del suelo. La exposición al plomo, especialmente peligrosa para los niños, causa graves problemas de salud, incluyendo daños al sistema nervioso y problemas de aprendizaje.

Clair Cameron Patterson, un geoquímico estadounidense, jugó un papel crucial en la lucha contra el uso de este aditivo. En la mitad del siglo XX, Patterson desarrolló métodos innovadores muy sensibles para medir las concentraciones de plomo en el medio ambiente. Sus investigaciones revelaron que los niveles de plomo en la atmósfera y en los humanos habían aumentado significativamente desde la introducción del tetraetilo de plomo. Comenzó una campaña para sensibilizar sobre los peligros del plomo y abogar por su eliminación.

Gracias a sus esfuerzos y a los de otros científicos y activistas, se inició un movimiento global para eliminar el tetraetilo de plomo. En 1976, la Agencia de Protección Ambiental de los Estados Unidos (EPA) comenzó a reducir progresivamente el plomo en la gasolina, hasta que desapareció definitivamente en 1995, el mismo año que murió Patterson. El descenso de la contaminación fue exponencial y el plomo abandonó el aire que respiramos. Le debemos mucho a Clair Cameron Patterson. Recuérdenlo cuando escuchen buena música, como la de Beethoven.

SHERLOCK HOLMES
Y LOS VENENOS

En las inmortales historias de Sherlock Holmes escritas por Arthur Conan Doyle, los venenos juegan un papel crucial en muchas de ellas, siendo un reflejo tanto del conocimiento de Doyle en toxicología como de las prácticas forenses de su época. Holmes, un detective con un profundo interés en la química, se encuentra con frecuencia con casos que implican el uso de sustancias tóxicas. La pasión por la química del inquilino del 221B de Baker Street la narra Watson de esta manera en el relato *Los tres estudiantes*: «Sin sus cuadernos de notas, sus productos químicos y su confortable desorden se sentía incómodo».

Las aventuras de Holmes y su ayudante Watson siempre se mencionan como ejemplo de la presencia de los venenos en la literatura. Doyle se basaba en su formación médica y en toxicólogos como el escocés Robert Christison, que fue alumno de Mateu Orfila, y un perito experto en casos criminales. A Christison se le considera como la inspiración de la pericia de Holmes con todo lo relacionado con los tóxicos. Lo que no sabemos es si también fue inspiración de la controvertida misoginia de Sherlock, ya que Christison estaba firmemente en contra de que las mujeres pudieran estudiar Medicina y lideró la campaña contra Las Siete de Edimburgo, un grupo de mu-

Imagen de Sherlock Holmes perteneciente a la exposición «Aventuras con Sherlock Holmes», de la Biblioteca pública de Toronto en 2013.

jeres pioneras en Escocia que, en 1869, fueron las primeras en matricularse en una facultad de medicina británica.

En 1983, Isaac Asimov se refirió a Holmes, en una introducción a un libro sobre la medicina en la obra de Conan Doyle, como «el químico metepatas», argumentando que el detective comete varios errores relacionados con las acetonas, las gemas y las pruebas de sangre en sus investigaciones. Esta opinión resalta lo que Asimov consideró como errores graves en la representación de los conocimientos químicos de Holmes en sus casos.

Pero esta visión del genial Asimov ha sido objeto de debate y análisis. Por ejemplo, en el libro *La ciencia de Sherlock Holmes,* de James O'Brien, este autor refuta la afirmación de Asimov de que Holmes era un químico chapucero. O'Brien examina los casos de Holmes que involucran venenos químicos, como el monóxido de carbono, el cloroformo y el ácido prúsico (nombre histórico para el cianuro de hidrógeno), y argumenta que Holmes de hecho muestra un conocimiento muy destacado en química. Veamos algunos ejemplos:

Un caso destacable está en la novela *El signo de los cuatro*, donde Holmes identifica un dardo envenenado como la causa de una muerte. El dardo es utilizado por el personaje Tonga, un nativo de las islas Andamán y aliado del antagonista principal, Jonathan Small. Tonga utiliza el dardo envenenado para matar a Bartholomew Sholto, uno de los personajes clave de la historia. Un dardo parecido lo encontraremos también en la recomendable película *El secreto de la pirámide* (1985), dirigida por Barry Levinson y escrita por Chris Columbus.

Otro ejemplo aparece en el relato corto *El pie del diablo,* donde Holmes resuelve un crimen utilizando su conocimiento de venenos. La trama gira en torno a una serie de muertes y locuras repentinas en una familia. Holmes descubre que las víctimas fueron expuestas a los vapores de una sustancia venenosa extraída de la raíz del pie del diablo, una planta africana. El veneno causa alucinaciones intensas y eventualmente la muerte. Holmes resuelve el caso demostrando cómo el veneno fue utilizado para asesinar, revelando que el culpable, Mortimer Tregennis, había utilizado el veneno para matar a sus hermanos. Sin embargo, Tregennis es posteriormente asesinado por el Dr. Sterndale, un personaje que amaba a una de las víctimas y buscaba venganza. Holmes comprende las motivaciones de Sterndale y, excepcionalmente, opta por no entregarlo a las autoridades.

En *El vampiro de Sussex,* también el veneno tiene un papel destacado en la trama que se desvela al final. En esta historia, se investiga un caso inusual en el condado de Sussex, que implica a una mujer, la señora Ferguson, acusada de comportamientos extraños y violentos hacia su hijo recién nacido. La sospecha de vampirismo surge debido a las marcas en el cuello del bebé y la conducta nocturna de la señora Ferguson. Nada es lo que parece.

El ácido prúsico (ácido cianhídrico) aparece mencionado en *La inquilina del velo,* otra historia corta de Sherlock Holmes que gira en torno a una mujer misteriosa con el rostro desfigurado por un ataque de una fiera. La inquietante desconocida busca a Holmes para contarle su trágica historia de crueldad y venganza, relacionada con su pasado en un espectáculo de circo. La trama se enfoca en la intervención de Holmes, no para resolver un misterio, sino para salvar a la mujer de sus propios impulsos de autodestrucción. La mujer, influida por el consejo de Holmes, decide abandonar sus planes de venganza y suicidio, simbolizados por un frasco de veneno (ácido prúsico) que ella le entrega a Holmes como señal de su decisión de seguir viviendo.

Pero los peores venenos los tomaba Sherlock de forma voluntaria. El uso de cocaína y morfina por parte de Sherlock Holmes en las historias de Arthur Conan Doyle debe verse como reflejo del uso que durante la época victoriana se hacía de estas drogas, juzgarlo con los ojos del presente es injusto. En ese período, la cocaína y la morfina no eran ilegales ni estaban tan estigmatizadas como hoy. Eran sustancias comúnmente usadas en la medicina para tratar una variedad de dolencias.

Holmes, descrito como un genio con una mente que constantemente busca estímulo, utiliza la cocaína, diluida al 7 % en solución, como una forma de escapar del aburrimiento y mantener su mente activa en ausencia de casos desafiantes. Esto sugiere una dependencia psicológica más que física. Doyle, que recordemos era médico, estaba totalmente familiarizado con estas sustancias y su uso en la práctica clínica. A través de Holmes, Doyle pudo explorar temas como la dependencia y los límites de la mente humana. Un matiz que hace todo más interesante en el vasto universo de sus historias.

Siempre se habla de que la realidad supera la ficción. En este paseo por los venenos de Sherlock Holmes terminamos con una intriga con el mismo Arthur Conan Doyle como protagonista, y en la que podemos confundir al autor con su personaje más universal.

En el año 1879, un artículo titulado *El gelsemio como veneno (Gelsemium as a Poison)* fue publicado en la revista *British Medical Journal*. El autor, un joven y entonces desconocido estudiante de Medicina de la Universidad de Edimburgo, Arthur Conan Doyle, se centró en la planta *Gelsemium sempervirens*, comúnmente conocida como gelsemio o jazmín de Carolina. La narrativa describía un valiente y arriesgado experimento personal: Doyle se autoadministró dosis crecientes de tintura de gelsemio, con el propósito de determinar la máxima dosis tolerable y documentar los síntomas primarios de una sobredosis.

Doyle, con un enfoque meticuloso, reguló con precisión las dosis de tintura consumidas, evitando el tabaco y manteniendo un horario constante en su administración oral. Inicialmente, con dosis de 1 a 2 ml, no percibió efectos notorios. Sin embargo, al incrementar la cantidad a unos 5 ml, comenzó a experimentar mareos a los veinte minutos. A dosis más elevadas, aunque el mareo se atenuó, surgieron problemas de visión y una leve parálisis. Los efectos psicológicos se desvanecían al alcanzar los 10 ml, pero persistían los dolores de cabeza y la diarrea. El experimento concluyó en el octavo día, con una dosis de 12,32 ml, que produjo una diarrea persistente, dolor de cabeza y un pulso más débil.

Sus conclusiones, dignas de un Sherlock venido arriba, fueron dos: primero, determinó que los adultos sanos podían consumir hasta 4 ml sin efectos secundarios y que, a altas dosis, a pesar de los síntomas adversos, se podía desarrollar una tolerancia similar a la del opio. Además, aseguró que la tintura de *Gelsemium* era efectiva en el tratamiento de neuralgias o dolores neuropáticos y alivio de mareos, describiendo una sensación general de bienestar.

Pero ¿qué compuesto era el responsable de estos efectos? La respuesta la encontramos en la gelsemina, un alcaloide presente en el gelsemio. Su mecanismo de acción es opuesto al de la estricnina, actuando como un agonista sobre los receptores inhibitorios de glicina, lo que ralentiza la actividad de las neuronas motoras. La parálisis moderada observada por Doyle coincide con la inhibición del movimiento muscular voluntario, mientras que la diarrea podría ser resultado de la disminución del control muscular involuntario, incluyendo el esfínter anal. Curiosamente, el alivio del dolor neuropático y los mareos no se explican completamente por esta actividad sobre el receptor de glicina.

La investigación farmacológica actual ha validado la efectividad de la gelsemina y los extractos de *Gelsemium* en el tratamiento del dolor neuropático crónico y como ansiolíticos. Sin embargo, la producción a gran escala de estos compuestos es extraordinariamente compleja, involucrando alrededor de veinte etapas y ofreciendo un rendimiento bajo.

EL ARMA FAVORITA DE AGATHA CHRISTIE

Agatha Christie, cuyo nombre real era Agatha Mary Clarissa Miller, y conocida como la «Reina del Crimen», nació el 15 de septiembre de 1890 en Torquay, una pequeña localidad al sur de Inglaterra. Creció en una familia acomodada y comenzó a escribir historias desde muy joven. Aunque fue educada en casa, Christie desarrolló una amplia variedad de intereses, incluyendo la música y la escritura.

Durante la Primera Guerra Mundial, Christie sirvió como enfermera en un hospital. Fue durante ese periodo cuando comenzó a adquirir un conocimiento profundo sobre los venenos, un interés que más tarde se reflejaría en sus novelas de misterio. Su trabajo en la farmacia del hospital le proporcionó una base sólida en química farmacéutica, lo que le permitió escribir sobre venenos, tipos de envenenamiento y antídotos de manera precisa y convincente.

Christie publicó su primera novela, *El misterioso caso de Styles*, en 1920, aunque la escribió cuatro años antes en plena guerra mundial. Esta obra introdujo al famoso detective Hércules Poirot, un exoficial de policía belga que se convertiría en el protagonista de muchas de sus historias. En 1926, tras la muerte de su madre y el divorcio de su primer marido, el co-

Agatha Christie y su esposo Max Mallowan en su casa, 1950.

ronel Archibald Christie, publicó *El asesinato de Roger Ackroyd*, una novela que la catapultó a la fama literaria gracias a su innovador final.

A lo largo de su carrera, Christie escribió 66 novelas de detectives, 14 colecciones de cuentos y el exitoso drama teatral *La ratonera*, que se convirtió en la obra de teatro con más tiempo en cartelera de la historia. Entre sus obras más famosas se encuentran *Muerte en el Nilo*, *Diez negritos* y *Asesinato en el Orient Express*. Su obra ha sido traducida a numerosos idiomas, ha sido adaptada al cine, la televisión o seriales radiofónicos, convirtiéndola en una de las autoras más famosas del mundo.

Christie se casó por segunda vez en 1930 con el arqueólogo Max Mallowan. Sus viajes con él a Oriente Medio influyeron en varias de sus novelas ambientadas en esa región. Agatha Christie fue nombrada Dama del Imperio Británico en 1971 en reconocimiento a su contribución a la literatura.

Agatha Christie murió el 12 de enero de 1976 en Wallingford, Oxfordshire. Dejó un legado duradero como la escritora de novelas de misterio más vendida de todos los tiempos, y su influencia en el género de la ficción criminal sigue siendo evidente hoy en día. Su conocimiento único de los venenos, adquirido durante su tiempo como enfermera, y su habilidad para tejer tramas intrincadas y personajes memorables la inmortalizaron como una maestra indiscutible del misterio.

La química y escritora Kathryn Harkup en su libro *Guía de venenos mortíferos de Agatha Christie* explora este aspecto distintivo de la obra de Christie, analizando los diferentes venenos que la autora incorporó en sus historias. Veamos ejemplos de estos venenos y algunas obras en las que aparecen, con la excepción del arsénico, del que ya hablamos en un capítulo anterior:

▸ **Acónito**. Este veneno, donde la aconitina es su principio activo tóxico, destaca por su rápida acción y sus efectos mortales. Aparece en *El tren de las 4:50* (1957), donde el doble envenenamiento con acónito y arsénico juega un papel clave en la trama. La protagonista de esta novela es la adorable miss Marple, una anciana observadora y sagaz cuya frase favorita es «La gente siempre es igual en todas partes».

▸ **Cianuro**. Es uno de los venenos más comunes en las obras de Christie. Aparece en diez novelas y cuatro relatos breves, siendo responsable de la muerte de 17 personajes. Las descripciones de las distintas formas de envenenamiento, de los síntomas y de la forma de conseguir cianuro son impecables. De entre todas las apariciones destaca la obra *Cianuro espumoso* (1945), en el que se ejecuta un crimen añadiendo cianuro al champán.

▸ **Belladona**. Se utiliza en «El toro de Creta», el séptimo de los doce cuentos de la recopilación *Los trabajos de Hércules* (1947), para llevar a cabo un asesinato. Esta planta venenosa, con su historia en la medicina y la brujería, añade un toque de misterio a la trama. El principio activo de la belladona es la atropina, un alcaloide que se utiliza con frecuencia para dilatar las pupilas en las revisiones oftalmológicas. Es uno de sus usos clínicos, pero hay muchos más, como bien sabía Christie.

▸ **Opio**. Aparece mencionado en más de doce novelas, tanto como analgésico como veneno. El láudano, una bebida alcohólica preparada con opio, era muy popular en la Inglaterra del siglo XIX. En *Un triste ciprés* (1940), dos de las nueve víctimas de la novela mueren por ingestión de compuestos con opio. El opio contiene decenas de alcaloides diferentes, siendo los más destacados la morfina, la papaverina y la codeína.

▸ **Estricnina**. Este veneno, conocido por causar convulsiones violentas y la muerte por asfixia, aparece en la primera novela de Christie, *El misterioso caso de Styles* (1920). La estricnina se utiliza de manera magistral, con un nivel de detalle que llamó positivamente la atención de la comunidad científica médica y farmacéutica, para construir una de las tramas de asesinato más impactantes de la autora. La estricnina aparece en tres novelas más y en cinco historias cortas de Christie, matando a un total de cinco personajes.

‣ **Eserina**. También conocida como fisostigmina, es un alcaloide que se extrae de la planta *Physostigma venenosum* o haba de Calabar, una planta perenne que se encuentra en regiones de África Occidental. Christie lo utilizó en dos de sus novelas, *La casa torcida* (1949) y *Telón* (1975). La eserina es un veneno poco conocido y novedoso, ya que no hay datos de su uso real con fines criminales.

‣ **Nicotina**. Aunque comúnmente se asocia con el tabaco, la nicotina en su forma pura es un potente veneno. En *Tragedia en tres actos* (1935), Christie explora su potencial letal y es la responsable de la muerte de un vicario, un prestigioso médico y un paciente de un hospital, sin relación alguna entre ellos. Todo un reto para Hércules Poirot, que finalmente resolverá el caso con su peculiar maestría.

‣ **Fósforo**. Este elemento químico, peligroso en su forma pura, juega un papel crucial en *El testigo mudo* (1937). Christie utiliza el fósforo para crear un misterio en torno a un asesinato aparentemente inexplicable, demostrando de nuevo su habilidad para emplear venenos poco convencionales en sus tramas. Además, en esta historia el carácter brillante del fósforo blanco tiene su papel en la explicación de un suceso insólito en una sesión de espiritismo. Todo un guiño escéptico, algo curioso (o no tanto) si tenemos en cuenta que la madre de Agatha Christie afirmaba que tenía dotes de vidente.

‣ **Veronal**. Es un barbitúrico utilizado como sedante y hipnótico. Aparece en *La muerte de lord Edgware* (1933).

En esta obra, Christie introduce el veronal no solo como medio para cometer un asesinato, sino también como una herramienta para tejer un intrincado misterio.

▸ **Cicuta.** La responsable de la muerte de Sócrates aparece en la novela *Cinco cerditos* (1942), con una cerveza que contiene cicuta, algo a todas luces inusual, pero muy bien traído por Christie para enmascarar el sabor. Como si fuera una IPA *(India pale ale)*. El protagonista de *Cinco cerdito*s es Meredith Blake, un químico que domina las propiedades ocultas de las hierbas. Resulta curioso que, en un momento de la trama, el propio Meredith lee al resto de sospechosos del crimen el fragmento de *Fedón*, de Platón, que narra la muerte de Sócrates. Pero tendrán que leer la novela para saber cómo acaba todo.

▸ **Ricina.** Antes de la publicación del relato corto «La muerte al acecho» dentro de la antología titulada *Matrimonio de sabuesos* (1929), la ricina nunca se había utilizado como arma venenosa de un crimen real. Aquí hay que reconocerle el mérito a Christie como pionera de lo que vino después y veremos en otros capítulos de este libro.

▸ **Talio.** En *El misterio de Pale Horse* (1961), Christie describe el uso del talio como veneno, destacando sus síntomas y efectos de forma exhaustiva, como solía ser habitual en ella. Esta información resultó ser crucial en un caso real en la década de 1970. Una enfermera estaba al cuidado de una joven paciente en Londres que presentaba síntomas extraños. Recordando la descripción de los efectos del envenenamiento por talio en la novela de Christie, pudo diagnosticar correctamente el envenenamiento por talio y dar con el origen accidental de su intoxicación. Este diagnóstico oportuno permitió un tratamiento efectivo y, finalmente, salvó la vida de la joven.

El legado de Agatha Christie sobrevive con frescura en la actualidad y lo podemos volver a disfrutar en la reedición de sus obras, las adaptaciones al cine y televisión, y en otros medios. El tiempo le ha hecho más interesante, algo que ya insinuó ella misma de alguna manera cuando dijo aquello de «Cásate con un arqueólogo. Cuanto más vieja te hagas, más encantadora te encontrará». Ella se casó con un arqueólogo y para sus admiradores siempre será encantadora e inmortal.

ALMENDRAS AMARGAS Y MANZANAS ENVENENADAS

Si el arsénico y la aconitina ocupan el mayor rango en la nobleza de los venenos, al cianuro lo podríamos proclamar como presidente de la República. Desde su uso en la antigüedad hasta su papel en la modernidad, el cianuro ha sido un actor clave en numerosos acontecimientos históricos, intrigas políticas, matanzas infames y casos criminales que han tenido también su inevitable repercusión en la ficción.

El cianuro es un grupo químico que consiste en un átomo de carbono conectado a un átomo de nitrógeno mediante tres enlaces, representado como C≡N y con carga negativa. Los compuestos que contienen el grupo cianuro, como el cianuro de sodio (NaCN), son conocidos simplemente como cianuros. El cianuro de hidrógeno, de fórmula HCN, es la forma más común de cianuro. Cuando el cianuro de hidrógeno se disuelve en agua, se forma el ácido cianhídrico. A nivel biológico, el cianuro afecta el proceso de respiración celular, pudiendo causar hipoxia y muerte.

El descubrimiento del cianuro es un proceso que se extendió a lo largo de varios años e involucró a varias figuras destacadas de la historia de la ciencia. El químico francés Pierre Macquer realizó un descubrimiento significativo en 1752 al demostrar que el azul de Prusia, un tinte conocido desde 1704, podía convertirse en óxido de hierro y un compuesto volátil que luego se identificó como cianuro de hidrógeno.

Posteriormente, en 1783, el genial químico sueco Carl Wilhelm Scheele aisló y caracterizó el ácido cianhídrico (también conocido como cianuro de hidrógeno) en su forma más pura a partir del azul de Prusia. A este compuesto se le dio el nombre alemán de *Blausäure* (ácido azul) debido a su origen en el azul de Prusia y su naturaleza ácida en el agua. En inglés, se le conoció popularmente como ácido prúsico. A Scheele lo consideramos como el descubridor oficial.

Y fue en 1787 cuando el químico francés Claude Louis Berthollet demostró que el ácido prúsico no contenía oxígeno, lo que significó una contribución importante a la teoría del ácido de la época, que promulgaba que todos los ácidos debían contener oxígeno. Finalmente, en 1815, Joseph Louis Gay-Lussac dedujo la fórmula química del ácido cianhídrico, y el radical cian recibió su nombre definitivo, del griego κύανος (*kyanos*, azul oscuro).

Aunque las referencias más tempranas al cianuro no lo identificaron de forma específica, se han encontrado vestigios de su uso en culturas como la egipcia, documentados en papiros como el Ebers; seguramente desde allí se propagara a otras culturas. En aquellos tiempos, aunque este veneno no fuera identificado ni sintetizado como lo fue en el siglo XVIII, se conocía su presencia en el reino vegetal. Los árabes sabían que el cianuro se hallaba en las semillas de manzanas, albaricoques y melocotones, extrayéndolos mediante la destilación de semillas trituradas, una técnica que dominaban y que refleja el avanzado nivel de su pericia protoquímica.

A las almendras, como frutos del árbol almendro, las encontramos en dos variedades principales: dulces y amargas. La diferencia principal entre estas dos variedades radica en su contenido de amigdalina, un glucósido cianogénico (expresado en términos bioquímicos) que puede descomponerse para formar ácido cianhídrico. Las almendras dulces tienen un contenido muy bajo o nulo de amigdalina, lo que las hace seguras para el consumo humano. Por otro lado, las almendras amargas contienen cantidades significativas de amigdalina. Cuando estas almendras amargas se mastican o digieren, la amigdalina se descompone por la acción de las enzimas en el estómago y el intestino, liberando glucosa, benzaldehído (responsable principal del amargor) y cianuro de hidrógeno. Este proceso se acelera en presencia de agua, lo que hace que el veneno sea más potente cuando las almendras amargas se consumen con líquidos, aunque basta la saliva y los flujos de las mucosas para activar la reacción.

La toxicidad de las almendras amargas varía según la concentración de amigdalina y puede ser influenciada por factores genéticos del almendro y las condiciones de cultivo. La dosis letal mediana (LD_{50}) de cianuro de hidrógeno, el compuesto tóxico liberado por la amigdalina, la podemos fijar en unos 6 miligramos por kilo de peso corporal, como vimos en nuestro curso acelerado de toxicología del primer capítulo de este libro. En un adulto promedio de 75 kg, esto se traduce en una dosis letal de alrededor de 450 mg de cianuro. Teniendo en cuenta que las almendras amargas pueden contener entre 200 y 400 mg de cianuro por kilo de materia seca, es evidente que el riesgo que representan solo se materializaría si se consumiera más de un kilo de almendras..., pero de almendras amargas. En caso de que nos intenten asesinar por este medio, antes moriríamos de asco, como dijimos con sorna en la introducción de este libro.

Las almendras amargas en la ficción, aparte de la referencia en *El amor en los tiempos del cólera,* de Gabriel García Márquez, las podemos encontrar en *Tormenta de nieve y aroma de almendras*, de la escritora sueca Camila Läckberg, una novela de misterio ambientada en Fjällbacka. En esta historia, el personaje Martin Molin detecta un sutil aroma a almendras amargas, lo que le indica un posible envenenamiento. La novela también incluye cuatro relatos cortos independientes situados en la misma localidad.

Las manzanas envenenadas son un motivo recurrente en la ficción y los cómics, simbolizando a menudo el engaño, la traición y la muerte. Uno de los ejemplos más emblemáticos es el cuento de *Blancanieves*, de los Hermanos Grimm, donde una reina malvada utiliza una manzana envenenada para intentar matar a su hijastra, Blancanieves. Este tema se ha reinterpretado y explorado en diferentes formas en la cultura popular. Por ejemplo, Neil Gaiman (guion) y Colleen Doran (dibujo) realizaron una adaptación de Blancanieves en clave de fantasía en su obra *Nieve, cristal, manzanas*. En esta versión, Gaiman y Doran exploran las posibilidades escalofriantes de darle la vuelta al clásico infantil, ofreciendo una perspectiva alternativa y más oscura de la historia.

En el mundo de la ficción, la manzana envenenada ha servido como un poderoso símbolo visual, representando la traición y la muerte. La manzana, con su apariencia atractiva pero su contenido letal, encapsula la idea de que no todo lo que brilla es oro y que el peligro a menudo se esconde bajo una superficie engañosamente atractiva. Aunque, como siempre se dice, la realidad puede superar a la ficción. Y en la historia del matemático Alan Turing, una de las mentes más brillantes del siglo XX, una manzana envenenada precipitó su tragedia.

Alan Mathison Turing nació el 23 de junio de 1912 en Londres y ha pasado a la historia por ser una figura icónica de la computación y la criptografía. Se le reconoce como uno de los padres de la ciencia de la computación y un precursor de la

Alan Turing en 1930.

informática moderna. Su infancia estuvo marcada por un gran interés por la lectura, los números y los rompecabezas, demostrando desde temprana edad signos de su genialidad futura.

Turing estudió en la preparatoria Hazelhurst y más tarde en el internado de Sherborne, donde su talento natural para las matemáticas y la ciencia le valió numerosos reconocimientos, aunque a menudo se encontró en desacuerdo con el enfoque educativo de sus profesores. La muerte de su amigo Christopher Morcom, a quien consideraba su primer amor, tuvo un impacto profundo en su vida, llevándolo a cuestionar su fe religiosa y a interesarse profundamente en la naturaleza de la conciencia y el espíritu.

Alan Turing asistió al King's College de la Universidad de Cambridge y más tarde a la Universidad de Princeton, donde trabajó con el matemático y lógico estadounidense Alonzo Church. Durante este tiempo, realizó contribuciones significativas al campo de la teoría de la computación, incluyendo su trabajo en el *Entscheidungsproblem* (problema de decisión) y la formulación de la máquina de Turing, un modelo teórico de computadora que puede simular cualquier algoritmo. La tesis de Church-Turing, formulada junto a Alonzo Church, hipotetiza la equivalencia entre los conceptos de función computable y máquina de Turing, una hipótesis que ha sido ampliamente aceptada en la comunidad científica.

Durante la Segunda Guerra Mundial, Alan Turing lideró en Bletchley Park –un emplazamiento militar secreto ubicado en una mansión victoriana al sureste de Londres– a un equipo multidisciplinar de criptógrafos que consiguieron descifrar el código de la máquina Enigma, con la consiguiente y vital ventaja bélica de anticipación de maniobras del enemigo. A finales de 1939 y mediados de 1940, Turing y el también matemático Gordon Welchman desarrollaron una máquina a la que bautizaron como Bombe, con la que consiguieron descifrar con éxito algunas de las transmisiones con la Enigma.

Algunos historiadores estiman que gracias a Alan Turing la Segunda Guerra Mundial duró dos años menos de lo que podría haber durado y se salvaron millones de vidas. Lejos de ser aclamado y reconocido como un héroe de guerra, Turing tuvo un triste e infame final.

En 1952, siendo un científico de prestigio, fue arrestado por mantener relaciones con otro hombre. Con la convicción de que no tenía por qué ocultar su condición sexual ni arrepentirse de nada, no se defendió de los cargos y reconoció su homosexualidad. Fue condenado por ello. Para evitar la cárcel, se sometió a un tratamiento hormonal de castración química con estrógenos sintéticos para reducir la libido, algo que lo destrozó en su aspecto físico y lo condujo a una profunda depresión. Dos años después, Turing apareció muerto en su casa de Wilmslow. Tenía 41 años.

Sabemos que su muerte fue debida a una intoxicación aguda con cianuro potásico encontrado en una manzana junto a su cama, pero nunca se ha podido aclarar si fue de forma voluntaria o accidental. Alan Turing murió envenenado lentamente por los prejuicios y el odio de la sociedad que lo señaló y condenó por su condición sexual, algo que es más letal que el peor cianuro.

El legado de Turing perdura, no solo en la teoría de la computación y la inteligencia artificial, sino también como un símbolo de los derechos LGTBI y la injusticia histórica. En

Estatua de Alan Turing en Bletchley Park (Inglaterra), creada en pizarra por Stephen Kettle en 2007.

2013, fue indultado póstumamente por la reina Isabel II. Y en 2017, el «Acta Alan Turing» fue aprobada en el Reino Unido, despenalizando retroactivamente a hombres y mujeres condenados bajo leyes homofóbicas antiguas.

El cine no ha hecho justicia a Alan Turing. La película *Descifrando Enigma (The Imitation Game),* dirigida por Morten Tyldum y estrenada en 2014, ha sido justamente criticada por no representar con precisión la personalidad y la vida de Alan Turing. En la película, Benedict Cumberbatch interpreta a Turing como un personaje arrogante, histriónico y vanidoso, lo cual contrasta con las descripciones históricas de Turing como un hombre muy agradable, tímido y con un leve tartamudeo que le aparecía en momentos de tensión. Además, la película sugiere erróneamente un romance entre Turing y su amiga Joan Clarke, a pesar de que Turing era abiertamente homosexual y su relación con Clarke era de naturaleza platónica. Estas inexactitudes han sido objeto de todo tipo de críticas, ya que distorsionan significativamente la verdadera personalidad y las relaciones de Turing, por no hablar del estereotipo de genio científico atormentado.

Y, por último, seguro que han escuchado alguna vez que el logotipo en forma de manzana mordida de una conocida marca de ordenadores y teléfonos móviles está inspirado en la manzana que presuntamente tomó Turing, el considerado como padre de la informática, antes de morir. Pero no, es solo otro mito popular más. Hay varias versiones sobre la inspiración de este logo, pero quizá la más desmitificadora es que fue diseñado en una primera versión en 1977, muchos años antes de que la figura de Alan Turing saliera de su injusto ostracismo histórico.

EL VENENO EN LA ÓPERA

Los elixires letales han tejido historias de pasión, traición y venganza en los escenarios teatrales del género de la ópera. Unas historias asociadas a la química, como ciencia básica de todo lo relacionado con los venenos, envenenadores y envenenamientos. Abramos el telón, para conocer a grandes compositores –uno de ellos un gran químico–, a sus obras inmortales y sus menciones a las ponzoñas.

Aleksandr Porfírievich Borodín fue un destacado compositor ruso y un respetado científico en el campo de la química. Nació el 12 de noviembre de 1833 en San Petersburgo y era hijo ilegítimo de un príncipe georgiano. Borodín recibió una excelente educación, mostrando un temprano interés tanto por la música como por la ciencia.

En el ámbito musical, Borodín es conocido como uno de los destacados miembros del grupo de compositores conocido como *Los Cinco*, que buscaban desarrollar un estilo musical ruso distintivo. Aunque la composición no era su principal ocupación, logró crear obras que han perdurado y se han celebrado por su riqueza melódica y su colorido orquestal. Entre las más famosas se encuentran la ópera *Príncipe Ígor*, notable por sus *Danzas Polovtsianas;* también se le recuerda por sus sinfonías. Su música se caracteriza por su lirismo, su empleo de la música folclórica rusa y su habilidad para evocar imágenes y paisajes.

Paralelamente a su carrera musical, Borodín fue un químico destacado y un defensor de la educación científica, especialmente para las mujeres. Se graduó en Medicina y Química en la Academia Médico-Quirúrgica de San Petersburgo y realizó importantes contribuciones en química orgánica. Borodín trabajó con el químico Emil Erlenmeyer en Heidelberg. En 1862, describió la primera sustitución nucleófila de cloro por flúor en el cloruro de benzoílo, un proceso que dio lugar a la conocida actualmente como reacción de Hunsdiecker (también llamada reacción de Borodín). Fue competidor de August Kekulé y amigo de Dmitri Mendeléyev, pero su mayor contribución a la química orgánica fue el descubrimiento de la reacción aldólica. Una reacción muy conocida para la formación de enlaces carbono-carbono que también fue descubierta de forma independiente por Wurz en 1872, el mismo año que Borodín lo hizo.

Otro ejemplo de la relación de la química con la ópera lo encontramos en *Iono and Faradette*, una comedia en dos actos escrita por un estudiante de la Universidad de Yale en 1923, un tal D. C. Long. Entre sus personajes destacan Feodor, un alquimista empeñado en la búsqueda del elixir de la vida; Ompitor, el más grande de todos los alquimistas; Natia, personificación del elixir de la vida; y Mortus, la muerte. Los protagonistas son Iono, príncipe de los iones y Faradette, la princesa de la electricidad. Esta loca ópera incluye bailes con los sugerentes nombres de *The Dance of the Salt Molecules* (El baile de las moléculas de sal), *Ionic Equilibrium* (Equilibrio iónico), *Electrolysis* (Electrólisis) y *Dance of the Organic Molecules* (La danza de las moléculas orgánicas). Extravagancia en estado puro destilado.

Pero vayamos con obras más clásicas y conocidas del mundo de la ópera y sus menciones químicas o venenosas.

En *Lo speziale (Der Apotheker o El boticario)*, una ópera cómica compuesta por Joseph Haydn, que se estrenó en 1768, el aprendiz de boticario Mengone exalta las virtudes del ruibarbo y del fresno florido contra los trastornos gástricos. El ruibarbo *(Rheum rhabarbarum)* es una planta con un alto contenido en ácido oxálico y el fresno florido *(Fraxinus ornus)* contiene un extracto dulce en su savia con propiedades similares al ácido oxálico. Lo curioso de esta ópera es que parece ser que fue compuesta por Haydn tras conocer los trabajos de Carl Wilhelm Scheele, descubridor del ácido oxálico, cuando ambos coincidieron en Estocolmo. Pero lo cierto es que el descubrimiento del ácido oxálico por Scheele fue posterior a la ópera de Haydn, aunque la fecha del año 1768 coincide con el descubrimiento del ácido tartárico, lo que explicaría la confusión.

Scheele, al que mencionamos como descubridor del venenoso ácido prúsico, tuvo una muerte que merecería una ópera propia del género dramático. Carl Scheele (o *Hard-luck Scheele*, como lo llamaba Asimov debido a los descubrimientos que hizo y por los que no obtuvo reconocimiento) tenía la mala costumbre de oler y probar las nuevas sustancias que descubría. La exposición acumulada a elementos como el arsénico, mercurio, plomo y tal vez al ácido fluorhídrico hizo que muriera joven, con solo 43 años, en su casa de Köping en Suecia. Desaparecía prematuramente uno de los mejores químicos del siglo XVIII.

Otra obra donde los venenos hacen su aparición es en *Sor Angélica*, ópera en un acto de Giacomo Puccini (música) y Giovacchino Forzano (libreto), donde la protagonista se suicida tras ingerir un brebaje de hierbas venenosas. Este mortal brebaje contiene adelfa *(Nerium oleander)*, laurel cerezo *(Prunus laurocerasus)*, cicuta *(Conium maculatum)* y belladona *(Atropa belladona)*. Menudo cóctel.

Imagen de Ludwig y Malvina Schnorr von Carolsfeld como *Tristán e Isolda* en el estreno de la ópera de Múnich en 1865.

En la ópera *Tristán e Isolda*, de Richard Wagner, reconocida como una de las mejores obras de este autor alemán, los protagonistas ingieren una poción que les produce la muerte. Una muerte que algunos autores han analizado para describirla como ejemplo de síndrome anticolinérgico, un cuadro tóxico característico que se produce cuando una cantidad significativa de un alcaloide que bloquea la acción del neurotransmisor acetilcolina circula por el organismo. Incluso hay un artículo científico publicado en la prestigiosa revista *British Medical Journal* que estudia este caso operístico en profundidad. Este trabajo va más allá y relaciona los síntomas de la poción con los acordes musicales o *leitmotiv*, en concreto con el llamado *Tristan chord* (acorde de Tristán). Entre las fuentes naturales que contienen alcaloides anticolinérgicos destacan solanáceas como la *Atropa*

Tristán e Isolda (la muerte), de Rogelio de Egusquiza y Barrena, 1910.

belladona, la *Mandragora officinarum,* el *Hyoscyamus niger* y la *Datura stramonium.*

Simón Boccanegra, de Giuseppe Verdi, es una ópera estrenada en Venecia en 1857, que nos cuenta el ascenso político de un corsario hasta llegar a ser duque de Génova. Las comparaciones con las carreras políticas de ahora se las dejo a su imaginación. El libreto está basado en la vida del primer duque de Génova, que no era realmente un corsario, aunque su hermano Emilio sí, que según los historiadores fue asesinado en 1363, con toda probabilidad por envenenamiento con trióxido de arsénico. El veneno también aparece en otras obras de Verdi como *Nabucco* y *El trovador.*

Fausto, conocida originalmente en francés como *Faust,* es una colosal ópera en cinco actos. Esta obra musical fue compuesta por Charles Gounod, con un libreto en francés escrito por Jules Barbier y Michel Carré. Es una adaptación de la leyenda de Fausto y se basa en la obra teatral *Faust et Marguerite*, también de Barbier y Carré, que a su vez se inspira parcialmente en el *Fausto* de Goethe. En el acto I, Fausto intenta suicidarse con veneno en dos ocasiones, algo que llama la atención de Mefistófeles, quien convierte la copa de veneno de Fausto en un elixir de la eterna juventud.

En su ópera cómica de dos actos, *Patience*, los ingleses Gilbert (libretista) y Sullivan (compositor) hicieron historia en el Teatro Savoy de Londres, el 10 de octubre de 1881. Este evento es recordado por ser la primera vez que una obra de teatro fue iluminada con electricidad en su totalidad. En esta obra se menciona de forma explícita el verde de Scheele.

Antonio y Cleopatra es una ópera en tres actos con música del compositor estadounidense Samuel Barber y libreto del cineasta Franco Zeffirelli, que se basa en la tragedia homónima de Shakespeare. Se estrenó en septiembre de 1966, durante la inauguración de la Ópera Metropolitana de Nueva York, y desde entonces ha sido representada en escasas ocasiones. Como podemos intuir, aunque no hayamos visto esta ópera, Cleopatra muere de la forma que se ha contado siempre, por la mordedura de una serpiente.

Hemos empezado este repaso a la relación entre ópera y química con un químico que componía ópera y lo terminamos con una ópera sobre una química. En 2011 se conmemoró el Año Internacional de la Química, con motivo de dicha celebración fueron muchos los actos y actividades que se pudieron ver en todo el mundo. Uno de ellos fue la creación de una ópera basada en la vida de Marie Curie, uno de los personajes más importantes de la historia de la química. De hecho, el Año Internacional de la Química se celebró en 2011 porque se conmemoraban cien años de la consecución del Premio Nobel de

Química por parte de Curie. Existe poca información sobre esta ópera de la compositora polaca Elżbieta Sikora, pero no podíamos terminar sin mencionarla.

EL ESCARABAJO VESICANTE

Uno de los libros que más me ha hecho reír es *Mi tío Oswald* (1979), de Roald Dahl, que narra una fase particularmente desenfrenada en la vida del legendario Oswald Hendryks Cornelius. Este personaje es descrito como un millonario amante de la ópera, coleccionista de arañas, *bon vivant*, y un donjuán infatigable, cuya vida amorosa supera incluso a la del famoso Casanova. Desde muy joven, Oswald comienza a acumular su enorme fortuna gracias a un descubrimiento singular: el polvo del escarabajo sudanés. Este polvo, de virtudes afrodisíacas extraordinarias, le permite inventar unas píldoras que tienen un gran éxito. Además, Oswald funda un banco de esperma y, junto con la excitante Yasmin, emprende la búsqueda de celebridades para obtener su semen congelado, que luego vende a precios exorbitantes a clientas acaudaladas deseosas de tener descendencia con linaje distinguido. Si solo conocen la brillante faceta de escritor de literatura infantil de Dahl, seguro que les ha sorprendido este argumento. No se lo pierdan.

Además de ser la protagonista de *Mi tío Oswald*, la cantárida también aparece en otras obras literarias. Gabriel García Márquez la menciona en *El general en su laberinto* (1989), una novela que recrea los últimos días del venezolano Simón Bolívar. Y la escritora Rosa Montero, siempre tan genial y precisa en sus descripciones, explica en *Historia del Rey Transparente* (2005) cómo preparar una pasta mortal con cantárida y, como solo ella sabe hacer, también nos cuenta sus propiedades afrodisíacas.

La cantárida *(Lytta vesicatoria)*, conocida antiguamente como la «mosca española», es un curioso coleóptero de color verde metálico en el que se aprecian reflejos cobrizos. Este hermoso insecto capturó la atención de figuras como Dioscórides, Plinio e Hipócrates.

Los antiguos griegos empleaban estos coleópteros por sus propiedades vesicantes, al producir ampollas al contacto con la piel. Los médicos los usaban para ayudar a eliminar los humores corporales de los enfermos, aprovechando esas ampollas y la supuración de los fluidos que causaban. Capturaban y secaban las cantáridas, después las molían para obtener un polvo iridiscente. Este polvo se aplicaba en la piel como tratamiento para afecciones dermatológicas, creyendo que podía aliviar verrugas, herpes o lepra. También se ingería en pequeñas dosis para tratar problemas urológicos, precisamente esa capacidad para dilatar los vasos sanguíneos de los genitales lo convirtió en un preciado afrodisíaco.

El principio activo de la cantárida es la cantaridina, un terpenoide capaz de inhibir las proteínas fosfatasas. En su forma natural, la cantaridina es secretada por el escarabajo macho y se la ofrece a la hembra como regalo copulador durante el ritual de apareamiento. Posteriormente, la hembra cubre sus huevos con ella como defensa contra los depredadores.

Sin embargo, el uso de la cantaridina no estaba libre de riesgos debido a su alta toxicidad. Su dosis letal mediana (LD50) es de 0,5 mg/kg, lo que hace que la ingestión de cantidades inferiores a 35 mg puedan resultar fatales. Su consumo, incluso en

Retrato de Roald Dahl en 1954.
Biblioteca del Congreso de los
Estados Unidos.

dosis no letales, puede causar efectos adversos en el sistema urinario, incluyendo problemas renales graves como la hidropesía, que siempre se ha dicho que fue la causa de la muerte de Fernando II de Aragón, llamado el Católico. Según esta versión, consumió sustancias estimulantes para tener descendencia con su joven esposa Germana de Foix, lo que derivó en una enfermedad mortal. Pero en 2020, el historiador Jaime Elipe y la médico Beatriz Villagrasa publicaron en una revista de la Universidad de Zaragoza un artículo titulado *El fin de un mito: causas clínicas de la muerte de Fernando el Católico*. Analizando documentación histórica y epistolarios de la época, que describían los síntomas de Fernando, los autores de este estudio llegaron a la conclusión de que la muerte se produjo por un fallo cardíaco y no por el consumo abusivo de cantárida.

En 1810, el químico francés Pierre Jean Robiquet aisló por primera vez la cantaridina en su forma químicamente pura. Robiquet identificó la cantaridina como el componente activo en las preparaciones farmacéuticas obtenidas de forma natural de la *Lytta vesicatoria*. Este descubrimiento marcó uno de los primeros ejemplos en la historia de la extracción y aislamiento de un ingrediente activo puro de un compuesto medicinal más complejo.

Otras referencias históricas sobre la cantárida incluyen a Luis XIV; dicen que añadía polvo de cantárida en su comida para mantener vivo su interés amoroso por madame de Montespan. En la corte francesa del siglo XVII, era común distribuir la sustancia en lo que se conocía como «Pastillas Richelieu», una burla al cardenal y primer ministro, que Alejandro Dumas reflejó en su inmortal *Los tres mosqueteros*. También fueron famosas las cenas organizadas por el marqués de Sade en su palacio, en las que empleaba la cantárida para animar la fiesta.

En las montañas de la locura

El cianuro es protagonista de uno de los mayores crímenes de la historia de la humanidad. El Zyklon B fue un preparado a base de cianuro utilizado de forma infame por el régimen nazi como veneno en los campos de exterminio durante el Holocausto. Originalmente desarrollado en la década de 1920 como un insecticida, su uso principal era el de exterminar plagas y desinfectar barcos y edificios. Sin embargo, su historia tomó un giro oscuro en los años 40 cuando los nazis lo adaptaron para el asesinato masivo.

En los campos de concentración como los de Chelmno, Belzec, Sobibor, Treblinka y Auschwitz-Birkenau, el Zyklon B se usaba en cámaras de gas disfrazadas de duchas. Los prisioneros, principalmente judíos, así como romaníes, prisioneros de guerra soviéticos y otros grupos considerados «indeseables» por el régimen nazi, eran llevados a estas cámaras bajo engaños. Una vez dentro, los nazis lanzaban el Zyklon B en forma de pellets desde aberturas en el techo o en las paredes. Al entrar en contacto con la humedad del aire, estos pellets liberaban ácido cianhídrico, un gas altamente venenoso que causaba la muerte por asfixia en cuestión de minutos. Los cuerpos eran luego retirados y cremados o enterrados en fosas comunes.

El uso del Zyklon B se convirtió en un método eficiente de exterminio en masa; se estima que millones de personas fue-

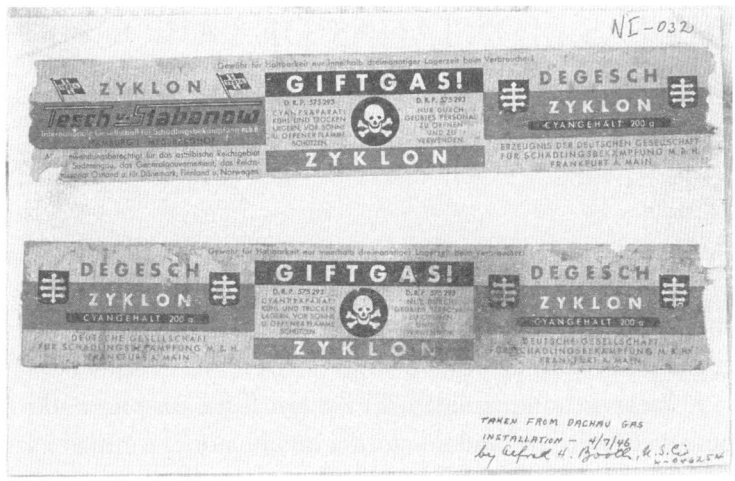

Etiquetas de botes de Zyklon B del campo de concentración de Dachau en Alemania.

ron asesinadas con este método en los campos de concentración La selección de las víctimas para las cámaras de gas era a menudo arbitraria; familias enteras podían ser asesinadas en un solo día. El Zyklon B se convirtió en un símbolo del horror y la brutalidad del Holocausto. Su aplicación reflejó la eficiencia industrial y la deshumanización extrema con la que los nazis llevaron a cabo el genocidio. Este capítulo oscuro de la historia es un recordatorio sombrío de las atrocidades que pueden ocurrir cuando el odio y la intolerancia se institucionalizan y llevan al extremo.

El matemático y divulgador Jacob Bronowski, creador de la excelente serie documental *El ascenso del hombre* (1973), termina uno de sus episodios más emotivos, desde las afueras del campo de concentración de Auschwitz-Birkenau, con estas palabras: «Se dice que la ciencia deshumanizará a la gente y la transformará en números. Eso es falso, trágicamente falso. Mire usted mismo. Fíjese en el campo de concentración y en el crematorio de Auschwitz. Ahí es donde a la gente se la convirtió en números. En el estanque que allí se encuentra fueron arrojadas una gran parte de las cenizas de unos cuatro millones de personas. Y eso no lo hizo el gas. Lo hizo la arrogancia. Lo hizo el dogma. Lo hizo la ignorancia. Cuando la gente cree firmemente que es poseedora del conocimiento absoluto, sin ponerlo a prueba a través de la realidad, así es como se comportan. Esto es lo que hacen los hombres cuando aspiran a tener un conocimiento propio de los dioses».

Paradójicamente, el cianuro fue una de las formas más comunes de suicidio durante los últimos días de la caída del régimen nazi. Hitler se aseguró de que su personal tuviera acceso a cápsulas de veneno antes de su propio suicidio. Las juventudes hitlerianas fueron las encargadas del reparto de ampollas de cianuro, estando documentado que lo hicieron incluso durante el último concierto de la Filarmónica de Berlín, pocos días antes de la llegada de las tropas soviéticas. Hubo numerosos casos de suicidios familiares, donde los padres mataron a sus hijos antes de suicidarse ellos mismos. El suicidio de Joseph Goebbels, ministro de Propaganda del Tercer Reich, y su esposa Magda, junto con el asesinato de sus seis hijos, es uno de los episodios más trágicos y notorios al final de la guerra. Ocurrió en Berlín el 1 de mayo de 1945. Magda Goebbels administró ampollas de cianuro a sus hijos, matándolos mientras dormían. Posteriormente, ella y Joseph Goebbels se suicidaron, él disparándose y ella ingiriendo cianuro.

Pero hay otros casos: Heinrich Himmler, una de las personas más poderosas de la Alemania nazi, murió tras ingerir cianuro al ser capturado e interrogado por soldados británicos en mayo de 1941. Martin Bormann, secretario personal del Führer, usó su cápsula de cianuro acorralado por una patrulla del Ejército Rojo mientras huía. Y en octubre de 1946, durante los Juicios de Núremberg, Hermann Göring, una de las figuras clave del régimen nazi, se suicidó en su celda. Lo hizo con una cápsula de cianuro la noche antes de ser ejecutado en la horca por sus crímenes de guerra.

Otro envenenamiento masivo con cianuro, salvando las distancias con el Holocausto, ocurrió en 1978 en una región de la actual República Cooperativa de Guyana, un país ubicado en la costa norte de América del Sur.

La tragedia de Jonestown es uno de los episodios más oscuros de la historia contemporánea. Jonestown fue el nombre informal del Proyecto Agrícola del Templo del Pueblo, una secta estadounidense apocalíptica liderada por Jim Jones. Ubicada en la zona de Barima-Waini, Guyana, esta comunidad religiosa fue escenario del asesinato de 923 personas, incluyendo a un congresista de Estados Unidos, el 18 de noviembre de 1978.

Jim Jones, nacido el 13 de mayo de 1932 en Lynn, Indiana, en un ambiente de segregación racial y fundamentalismo cristiano, fue una figura compleja influenciada por el pentecostalismo y el socialismo desde su infancia. Su padre, enfermo por los ataques con cloro de la Primera Guerra Mundial, era un declarado simpatizante del Ku Klux Klan. Jones, desde joven, mostró un claro interés por ser predicador e improvisaba sermones a perros y a niños en su garaje.

Siendo ya pastor en ejercicio entró en conflicto con sus superiores por insistir en la igualdad racial, lo que lo llevó a formar su propia iglesia. Su mensaje de igualdad racial y su activismo en derechos humanos le ganaron reconocimiento y popularidad. El Templo del Pueblo fue creado en Indianápolis, Indiana, durante los años cincuenta. A finales de los sesenta, los miembros de la congregación habían disminuido, pero

Jones logró asegurar una afiliación con la denominación de los *Discípulos de Cristo*, lo que elevó la reputación del Templo.

En 1971, la congregación se trasladó a San Francisco y abrió otra iglesia en Los Ángeles. Tras múltiples escándalos en San Francisco, Jones decidió crear una comunidad utópica en Guyana, lejos de la intervención de las autoridades estadounidenses. En 1974, arrendó más de 12 km² de tierra del gobierno de Guyana, y los miembros del Templo comenzaron la construcción de Jonestown.

Los miembros de Jonestown trabajaban sin descanso y con fervor en su idílico proyecto bajo condiciones extremas; aquellos con problemas disciplinarios eran encerrados en cajas de madera o drogados para incapacitarlos. Las historias de horror y prácticas abusivas abundaban, incluyendo palizas y un «agujero de tortura» para los niños. Jones promovía la idea del suicidio masivo como forma de protección y realizaba simulacros de suicidios masivos, conocidos como *Noches blancas*.

El 14 de noviembre de 1978, el congresista estadounidense Leo Ryan visitó Jonestown para investigar acusaciones de fraude, lavado de cerebro, torturas y otros delitos. Su visita desencadenó una serie de eventos violentos que culminaron con su asesinato y el de otros miembros de su delegación.

Finalmente, Jones ordenó un suicidio masivo, obligando a los miembros a ingerir cianuro, comenzando por los niños y ancianos. Este acto provocó la muerte de 913 personas. Existen imágenes muy impactantes de esta tragedia desde una vista aérea. Jones fue encontrado muerto con una herida de bala en la cabeza, sin confirmación sobre si fue autoinfligida o no.

Otra acción criminal fue la liderada por Shōkō Asahara, cuyo nombre real era Chizuo Matsumoto, fundador y líder de la secta religiosa japonesa Aum Shinrikyo. Asahara desarrolló Aum Shinrikyo en la década de 1980, combinando elementos del budismo y el hinduismo con predicciones apocalípticas y teorías conspirativas. La secta atrajo a numerosos seguidores, incluyendo a personas influyentes y profesionales.

El 20 de marzo de 1995, miembros de Aum Shinrikyo llevaron a cabo un ataque terrorista en el metro de Tokio, uno de los más graves en la historia de Japón. Utilizaron gas sarín, un poderoso agente nervioso, liberándolo en varios vagones de tren durante la hora punta de la mañana. El ataque produjo la muerte de 13 personas y causó enfermedades graves y lesiones temporales a más de mil. Este acto no fue el primero cometido por la secta, ya que habían llevado a cabo otros actos violentos y asesinatos, así como un ataque anterior con gas sarín en Matsumoto en 1994, que mató a ocho personas.

Una vez más, el dogma y la ignorancia sobre las montañas de la locura.

VENENOS Y *ROCK AND ROLL*

El mundo del *rock* está lleno de historias trágicas como la de Jim Morrison, Janis Joplin, Sid Vicious o Jimi Hendrix, cuyas vidas fueron sesgadas en parte debido al abuso de sustancias indeseables que podemos llamar venenos, sin tapujos. Nos enfocaremos en una sustancia en particular, el alcohol etílico. A pesar de ser legal y socialmente aceptado, no deberíamos pasar por alto su naturaleza tóxica. Una intoxicación alcohólica aguda fue la responsable indirecta de la muerte del mejor baterista de *rock* de todos los tiempos: John Henry Bonham, alias Bonzo.

La muerte de Bonham se produjo durante la madrugada del 25 de septiembre de 1980. El día anterior, Bonham fue recogido por Rex Rey, el entonces asistente de su grupo, los míticos Led Zeppelin. Rex Rey tenía el encargo de llevar a John a un ensayo de preparación de la próxima gira de Led Zeppelin en los Estados Unidos. Era el regreso de esta banda a los escenarios norteamericanos después de tres años. Durante el viaje, camino al local de ensayo, Bonham comenzó a meterse entre pecho y espalda chupitos de vodka y, al parecer, continuó sin parar de beber durante el resto del día hasta bien entrada la noche. Se estima que se tomó alrededor de cuarenta chupitos de vodka en menos de 24 horas, más o menos un litro en total. A Bonham lo acostaron a dormir la borrachera y nunca des-

John Bonham en 1975.

pertó. Tenía 32 años. La investigación oficial afirmó que la causa de la muerte fue la asfixia al aspirar su propio vómito. Se descartaron otras drogas tras la autopsia.

La desaparición de Bonzo supuso la disolución definitiva de Led Zeppelin, comunicada pocos meses después por el resto de los componentes del grupo de forma oficial, y el fin de esta mítica banda de *rock*. Una de las mejores. Aunque la muerte de Bonham no fue producida por intoxicación etílica, sino por asfixia, muchas veces me han preguntado si es posible perder la vida bebiendo chupitos de vodka, por ejemplo, y qué cantidad sería necesaria.

La respuesta en una primera aproximación podemos calcularla con unos conocimientos básicos de química y toxicología. Las bebidas alcohólicas expresan la cantidad de alcohol etílico (etanol) normalmente como un porcentaje sobre el total. La graduación alcohólica de una bebida es la expresión en grados del número de volúmenes de etanol contenidos en 100 volúmenes del producto a una temperatura de 20 °C. De esta manera en 100 mililitros de un vodka de 40° o 40 % vol. de alcohol nos encontramos con 40 mililitros de etanol puro.

Para calcular los gramos de etanol en cada chupito tenemos que multiplicar el contenido de un chupito (que es de unos 25 ml aproximadamente) por la densidad del etanol (que aproximamos a 0,8 gramos/ml) y por el porcentaje de alcohol (40 % en el caso de un vodka, valor establecido por Mendeléyev) y dividimos el resultado por 100. El resultado sería de unos 8 gramos de etanol en cada chupito de vodka.

El alcohol etílico es un depresor del sistema nervioso central (SNC) y se estima que su dosis letal en humanos, entendida como la cantidad de tóxico necesaria para matar a una persona expresada en gramos por kilogramo de peso de la persona, es de unos 5 g/kg de peso corporal. Ente 300 y 400 ml de etanol ingerido en menos de una hora puede causar la muerte de un adulto medio.

¿Y de cuántos chupitos de vodka estamos hablando? Pues si consideramos un adulto de unos 80 kg, la dosis letal se puede alcanzar con 400 gramos de etanol, que serían unos 50 chupitos, que contienen 8 gramos de etanol cada uno, como hemos calculado antes. Y esto si se ingiere en un periodo corto de tiempo.

En realidad, todo es un poco más complejo y habría que tener en cuenta otros factores como tolerancia, sensibilidad, ingestión de alimentos previa, el metabolismo basal, la raza y otros muchos factores.

Bonham no alcanzó la dosis letal ni de lejos con sus 40 chupitos en un día, pero la mala suerte hizo que la Parca se cruzara en su camino convirtiéndolo en leyenda de la música de forma prematura. El alcohol es un veneno. Y de los peores.

Otra víctima del mundo de la música que perdió la vida por los efectos del alcohol fue Keith Moon, batería del grupo británico The Who desde 1964 hasta su muerte en extrañas circunstancias el 7 de septiembre de 1978. La noche anterior, tras cenar con Paul y Linda McCartney, regresó a su casa y se tomó una cantidad considerable de pastillas de clometiazol, un fármaco que se prescribe para mitigar el síndrome de abstinencia alcohólica. Fue una dosis muy alta. Al igual que otras sustancias parecidas como la coprina o el disulfiram, estos fármacos nunca deben mezclarse con alcohol. No se sabe con certeza si había bebido en exceso durante esa noche, todo apunta a que sí lo hizo.

Moon fue incinerado días después de morir; en el lugar donde se esparcieron sus cenizas existe una placa conmemorativa con la frase «*There is no substitute*» (No hay sustituto), empleando la palabra *substitute* como homenaje a un sencillo del grupo. En 2011, fue votado como el segundo mejor baterista de la historia del *rock* en una encuesta de los lectores de la revista *Rolling Stone*. Adivinen quién fue el primero.

En las menciones de temas musicales metaleros a los venenos se lleva la palma el cianuro, con Metallica, en su canción «Cyanide» del álbum *Death Magnetic*, lanzado en 2008. Por otro lado, Rob Zombie en su canción «Satanic Cyanide! The Killer Rocks On!» del álbum *Venomous Rat Regeneration Vendor*, de 2013, explora el satanismo, la corrupción y el atractivo del mal, utilizando el cianuro como una metáfora poderosa dentro de su lírica y melodía inquietante. Y de modo más genérico, aparte de una banda de Glam metal llamada directamente Poison, tenemos a Alice Cooper y The Prodigy con el tema *Poison*, a Megadeath con el doblete *Poison Was The Cure* y *Poisonous Shadows* y a los Ramones con su *Poison Heart*, uno de los mejores temas de los melenudos de Queens.

EL PARAGUAS BÚLGARO

La ricina es una toxina que se encuentra en las semillas de la planta de ricino, *Ricinus communis*, un arbusto de origen tropical descrito por Carlos Linneo en 1753 al que en la actualidad se considera especie invasora y puede encontrarse en medio mundo.

El efecto letal de la ricina se debe a que inactiva los ribosomas, unas estructuras celulares esenciales en la síntesis de proteínas. La ricina se une de forma irreversible a los ribosomas de las células eucariotas y detiene la producción de proteínas provocando la apoptosis o muerte celular.

Su aspecto, una vez aislada de las semillas del ricino, es el de un fino polvo blanco insípido e inodoro. Medio miligramo de ricina sería suficiente para producir la muerte de un adulto, si se aplica de forma inyectada o inhalada. Por la vía digestiva se necesitaría una dosis mayor, el doble. Los síntomas de la intoxicación son distintos en función de la vía de penetración. Por ingestión, puede causar dolor e inflamación en el tracto gastrointestinal, avanzando rápidamente a náuseas graves, vómitos, diarrea y dificultad para tragar, lo que podría llevar a hemorragias, deshidratación, *shock* y fallo multiorgánico en pocos días. La inhalación inicialmente provoca tos y fiebre, que pueden escalar a problemas respiratorios serios, edema pulmonar y posible fallo respiratorio. La inyección de ricina es extremadamente letal, causando síntomas graves y muerte rápida. El contacto con la piel puede causar irritación y reacciones alérgicas, especialmente si la piel está dañada. Hasta hace muy poco tiempo no existía un antídoto contra esta sustancia.

La ricina se ha utilizado con frecuencia en tramas criminales de ficción, como vimos con Agatha Christie; ha aparecido en varias series y películas. Encontramos menciones en la serie *El mentalista*, en *Urgencias*, *Navy: investigación criminal*, *CSI: Crime Scene Investigation*, así como en series menos conocidas como *Monk*, y en la película británica *Complicit*, de 2013, donde se retrata un ataque terrorista con ricina. No obstante, es en la genial *Breaking Bad*, creada por Vince Gilligan, donde la ricina se destaca de manera especial. En esta serie, el profesor de Química convertido en criminal, Walter White, hace uso de esta toxina en las temporadas segunda, cuarta y, de manera inolvidable, en la quinta y última. Los seguidores de *Breaking Bad* recordarán la importancia que la ricina tuvo en el desarrollo de la trama y cómo este elemento fue clave en las aventuras de Walter White alias Heisenberg.

Y hasta aquí la ficción, pero el uso de la ricina en el mundo real es más sorprendente.

Los conocimientos sobre los efectos nocivos de las semillas de ricino datan de tiempos ancestrales. Sin embargo, no fue hasta 1888 cuando el farmacéutico alemán Peter Hermann Stillmark logró describir y aislar por primera vez esta sustancia. A raíz de este descubrimiento, era inevitable que antes o después se contemplara el uso de la ricina como un arma química para propósitos destructivos. Durante la Primera Guerra Mundial, surgen las primeras evidencias del uso potencial de la ricina como arma química, aunque solo en teoría y en experimentos controlados de laboratorio. Estados Unidos consideró la posibilidad de emplear la ricina en la fabricación de municiones, aplicándola en la superficie de balas o proyectiles, o mediante su pulverización directa sobre las líneas enemigas. No obstante, esta idea fue finalmente descartada. La decisión no se debió a conflictos éticos con las normativas de la guerra, ya que en ese momento utilizaban el cloro, el fosgeno y el gas mostaza ambos bandos, sino más bien por el inconveniente de que la ricina se degradaba con el calor y la posibilidad de que se desarrollara un antídoto (ahora sabemos que no es fácil). En el transcurso de la Segunda Guerra Mundial se pensó también en utilizarla como ingrediente de las bombas de racimo, pero las dificultades productivas al ser una sustancia de origen natural hicieron que se pensara en otras alternativas y siempre a nivel teórico, porque el uso de armas químicas en los campos de batalla de la Segunda Guerra Mundial fue anecdótico.

La ricina se utilizó en los años 80 en la guerra Irán-Irak y también se ha empleado en ataques terroristas, como el que se frustró en 2003 en el Reino Unido en pleno conflicto con Irak, o en las cartas que recibió el presidente Barack Obama en 2013. Como curiosidad, en este último caso se detuvo como autora del envío a Shannon Guess Richardson, una actriz conocida por sus intervenciones en las series *The walking dead* y *Crónicas vampíricas*. En agosto de 1971, el KGB intentó asesinar al premio nobel de literatura de 1970, Aleksandr Solzhenitsyn, utilizando ricina con un método experimental de administración a base de gel. El intento lo dejó gravemente enfermo, pero sobrevivió.

Pero hay un crimen de la historia contemporánea digno de las mejores películas de espías, que implica a la ricina, y se ejecutó con un paraguas.

El asesinato de Giorgi Markov en 1978 es uno de los casos más notorios en la historia del espionaje y el uso de venenos.

Georgi Markov en 1978.

Markov, un disidente búlgaro y periodista, fue asesinado el 7 de septiembre de 1978 en Londres. Ese día, mientras esperaba un autobús en el Puente de Waterloo, sintió un leve pinchazo en la parte trasera de su muslo derecho, similar a una picadura. Al girarse, vio a un hombre recogiendo un paraguas del suelo. Se disculpó y cruzó rápidamente la calle para alejarse en un taxi.

Markov llegó a su puesto de trabajo en las oficinas de la BBC y notó una pequeña pústula roja en el lugar del pinchazo, que le continuaba doliendo. No le dio importancia, pero esa noche desarrolló fiebre y acudió al Hospital St. James de Balham, situado al sur de Londres, donde falleció cuatro días después.

El médico que atendió a Markov, Bernard Riley, consideró varias posibles causas de su extraño cuadro clínico, incluyendo la mordedura de una serpiente tropical venenosa. Se realizó una radiografía de la zona inflamada de su pierna, pero no se detectó ningún objeto extraño en ese momento. Debido a las circunstancias y a las declaraciones del propio Markov, expresando sospechas de haber sido envenenado, la policía metropolitana ordenó una autopsia exhaustiva tras su muerte. Durante la autopsia, se encontró una pequeña bolita en la muestra de tejido. Esta bolita medía 1,52 milímetros de diámetro y estaba compuesta de un 90 % de platino y un 10 % de iridio, con dos agujeros que formaban una cavidad en forma de X.

Los científicos de Scotland Yard, que analizaron la bolita, teorizaron que podría haber contenido ricina y que se había utilizado una sustancia azucarada para cubrir los pequeños agujeros, creando una burbuja que atrapaba el veneno en las cavidades. Se creía que esta capa especial estaba diseñada para derretirse a la temperatura corporal humana de 37 ºC, liberando el veneno en el torrente sanguíneo de Markov para matarlo. Hay una versión sin confirmar, que apunta a que el doctor Riley, tras descartar venenos como el cianuro o el talio, le comentó el caso a su esposa, la cual le dijo que podría ser ricino y que debería leer más a Agatha Christie.

Se conoce como «paraguas búlgaro» a un ingenioso dispositivo que parece un paraguas común, modificado para inyectar venenos mortales, como la ricina, mediante un mecanismo oculto que esconde un elemento punzante. La aguja envenenada se dispara desde la punta del paraguas con una presión mínima, haciendo que el ataque sea casi indetectable y extremadamente sigiloso. Se utilizó con Giorgi Markov, pero también en agosto de ese año el reportero Vladimir Kostov fue atacado de forma similar en el metro de París. Kostov experimentó una punzada en la espalda y fue hospitalizado, quedándose allí durante doce días. Los médicos en París retiraron de su cuerpo un proyectil con ricina, similar en tamaño al que más tarde resultó ser fatal para su compatriota Markov. Seguramente la dosis fue menor y eso le salvó la vida.

Estos dos incidentes sirvieron de inspiración a la comedia –sí, comedia– francesa *El golpe del paraguas* (1980), dirigida por Gérard Oury y con Pierre Richard como actor principal. En esta obra se sustituye la ricina por el cianuro. Además, el paraguas búlgaro tuvo también un papel destacado en el episodio *The Clock* de la serie de televisión sobre espías *The Americans* (2013).

DESDE RUSIA CON VENENO

La historia de los venenos asociada a Rusia, al menos la más documentada, se remonta a los tiempos del Gran Principado de Moscú y llega hasta la actualidad con los temibles agentes Novichok.

En 1453, Dmitry Shemyaka, el gran duque de Moscú, se encontraba cenando pollo en su palacio cuando empezó a encontrarse mal. Durante los doce días siguientes, sufrió una lenta agonía y después murió. Su cocinero, sobornado por sus rivales, había puesto arsénico en su comida.

Iván IV Vasílievich, conocido como Iván el Terrible, fue el gran príncipe de Moscú desde 1533 hasta 1547 y el primer zar de todas las Rusias desde 1547 hasta su muerte en 1584. Su reinado es conocido por la expansión territorial, las reformas económicas y políticas, y una serie de campañas militares, pero también por su política de terror y su comportamiento errático y violento.

Nacido en 1530, Iván fue coronado a la edad de 16 años. Su temprano reinado estuvo marcado por la lucha contra la nobleza, a la que trató de someter. Implementó la Opríchnina, una política que dividió el reino en dos partes: una gobernada directamente por él y la otra, por los nobles. Esto le permitió ejercer un control más directo y a menudo brutal sobre sus dominios, lo que incluía la represión violenta de la nobleza y la ciudadanía.

En cuanto a su relación con los venenos, hay varias teorías e historias, aunque muchos detalles son difíciles de verificar. Se ha dicho que Iván el Terrible tenía un profundo interés en todo tipo de ponzoñas, y se cree que utilizó este conocimiento tanto para eliminar a sus enemigos como para experimentar con sus prisioneros. Algunos historiadores sugieren que tenía un laboratorio secreto donde se desarrollaban venenos, aunque esta afirmación no está respaldada por una evidencia concreta.

La paranoia y la desconfianza de Iván crecieron de tal manera con los años que llegó a temer ser envenenado. Esta preocupación por su seguridad personal podría haber alimentado aún más su interés en los venenos, tanto para protegerse como para atacar a otros. Pero es importante remarcar que muchos de los relatos sobre Iván el Terrible provienen de fuentes carentes de rigor histórico, por lo que algunas de estas historias pueden ser exageradas o incluso ficticias.

En 1610, el príncipe y estadista militar ruso Mijaíl Skopin-Shuisky, una figura relevante en la llamada Época de los Disturbios, que condujo al poder a la Casa Romanov, fue envenenado por orden de su tío, el zar Vasili Shuisky. Al parecer, Skopin-Shuisky tomó una copa de vino en una fiesta de bautizo de un familiar. Después de beberlo, Skopin-Shuisky se sintió repentinamente enfermo y le brotó sangre de la nariz. Los sirvientes lo llevaron apresuradamente a casa, donde falleció dos semanas después. Fue un escándalo en su época. Tenemos un testimonio directo de la mano del predicador alemán luterano, Martinus Bär, que escribió: «El valiente Skopin, que salvó a Rusia, recibió veneno como recompensa de Vasily Shuisky.

El zar ordenó que lo envenenaran, molesto porque los moscovitas respetaban a Skopin por su inteligencia y coraje más que a él mismo. Todo Moscú quedó sumido en la tristeza al enterarse de la muerte del gran hombre».

La muerte del enigmático monje Rasputín ha aparecido en decenas de películas, series de televisión, videojuegos, cómics y novelas. La espectacularidad en la ejecución de su asesinato es muy popular, tanto como las incógnitas que rodean a la noche del 29 de diciembre de 1916. La principal fuente de lo que ocurrió aquella noche proviene de las memorias del aristócrata Félix Yusúpov, al que se le atribuye la responsabilidad de su muerte. Yusúpov relata que invitó a Rasputín a su palacio con la intención de que conociera a su esposa Irina, sobrina del zar Nicolás II. Aunque con ciertas reticencias, Rasputín acudió al Palacio Moika, una suntuosa residencia a orillas del río homónimo en San Petersburgo. Su curiosidad por Irina, probablemente con la idea de seducirla acorde a su reputación, lo llevó a este lugar.

Contrario a lo que parecía un sencillo plan para eliminar a Rasputín, la realidad se tornó mucho más compleja. Durante esa noche, Yusúpov preparó un gran festín con pasteles y vino dulce, ambos del agrado de Rasputín, en los sótanos del palacio Moika. Sin embargo, estos manjares estaban mezclados con una dosis mortal de cianuro de potasio (KCN), un veneno cuyos efectos Yusúpov conocía bien porque lo había ensayado en animales. La cantidad de cianuro en los pasteles era, siempre según Yusúpov, cuatro veces la necesaria para matar a un hombre. El objetivo era garantizar la eficacia del veneno, y eligieron los dulces para ocultar el amargor del cianuro.

Rasputín, mientras degustaba pastel tras pastel, preguntaba constantemente por Irina, quien no se encontraba ni en el palacio ni en San Petersburgo. Yusúpov siguió ofreciéndole más vino y pasteles envenenados; notó que Rasputín solo mostraba leves signos de malestar y que continuaba comiendo y bebiendo sin mayores efectos.

La situación se tornó surrealista. Al ver que Rasputín consumía grandes cantidades de pasteles cargados de cianuro y solo experimentaba un ligero malestar, la tensión y el nerviosismo aumentaron entre Yusúpov y sus cómplices.

Finalmente, Rasputín fue abatido a tiros por un ayudante de Yusúpov. Al acercarse el aristócrata al cuerpo, Rasputín se levantó repentinamente, agarrándolo y maldiciéndolo. Los gritos atrajeron a Vladímir Purishkévich, otro conspirador, quien disparó a Rasputín mientras este intentaba huir por los pasadizos subterráneos. Aunque Rasputín logró salir al patio, Purishkévich le disparó tres veces más, acertando finalmente y dándole el tiro de gracia. Creyendo que estaba muerto, los conspiradores arrojaron su cuerpo al río Moika a través de un agujero en el hielo. Al día siguiente, se descubrió su cadáver y fue sometido a una autopsia por el profesor Dmitri Kosorotov, quien sorprendentemente concluyó que la causa de la muerte fue ahogamiento.

Hasta aquí la historia que contaba Yusúpov durante sus años de exilio en Francia y sus viajes por Estados Unidos, donde se ganaba la vida dando conferencias ante todo tipo de público. Pero más recientemente, biógrafos serios de Rasputín, como Douglas Smith, señalan que no se encontró veneno en su cuerpo y que Kosorotov no encontró evidencia de ahogamiento cuando realizó la autopsia.

Sea o no cierta, la mezcla de cianuro de potasio con la glucosa de los pasteles dulces, que supuestamente proporcionó Yusúpov a Rasputín, nos puede servir para aprender un poco sobre química y toxicología. En este proceso químico, la glucosa interactúa con el cianuro en un ambiente ácido como el del estómago, dando lugar a la formación de una heptosa y eliminando el ion cianuro. Simplificando, la glucosa, que contiene seis átomos de carbono, se une al carbono del cianuro para crear una heptosa, que tiene siete átomos de carbono, neutralizando así el efecto tóxico del grupo cianuro.

Otra posibilidad implica la creación de cianohidrina. Esto ocurre cuando los grupos aldehído de los azúcares reaccionan con el cianuro de hidrógeno, actuando el cianuro de potasio como catalizador. Esta reacción reduce la toxicidad del veneno. Sin embargo, existe también la teoría de que Yusúpov pudo haber calculado mal la dosis de cianuro sódico para Rasputín, sin considerar el peso corporal de este, que presumiblemente era bastante elevado debido a su gran altura. Nunca sabremos qué pasó con exactitud.

En su libro *The KGB's Poison Factory: From Lenin to Litvinenko* (2009), el exagente soviético Boris Volodarsky aborda

Retrato de Grigory Yefimovich Novykh, conocido como Rasputín. Obtenido de los documentos de Louise Bryant, conservados en la Universidad de Yale.

un tema fascinante que también ha sido el centro de sus artículos en *The Wall Street Journal*. El libro, que se benefició de la colaboración de historiadores como Paul Preston, revela sin ambigüedades el inicio de las investigaciones sobre los venenos en la Unión Soviética, llegando hasta su fundador, Vladimir Illich Ulianov, más conocido como Lenin. Volodarsky argumenta que la fascinación de Lenin por los venenos surgió a raíz del intento de asesinato perpetrado por la activista ucraniana Fanya Yefimovna Kaplán, el 30 de agosto de 1918, quien supuestamente utilizó balas impregnadas con curare. Un hecho que se ha descartado porque hubiera muerto en el acto de ser así. Lenin sobrevivió al ataque, Kaplán fue ejecutada sin juicio solo cuatro días después del incidente, y el rumor sobre el envenenamiento motivó el interés de Lenin, que en 1921 aprobó la construcción de un laboratorio para investigar venenos. Nació así la «Oficina Especial», dependiente de los servicios secretos soviéticos bajo la dirección de Ignatii Kazakov.

En 1926, el laboratorio pasó a manos de Genrikh Yagoda, jefe de la policía secreta de la URSS e hijo de un farmacéutico. Y en 1938 este laboratorio se convierte en el Laboratorio 1 por encargo de Stalin y bajo la dirección de un siniestro personaje llamado Grigori Marianovski, al que se le conoció como «Profesor veneno» o «el Mengele ruso». Con una formación como médico y bioquímico, Marianovski destacó por su trabajo en el desarrollo de venenos y su participación en operaciones encubiertas del NKVD, la agencia de seguridad precursora del KGB en la Unión Soviética. Realizó numerosos experimentos con sustancias tóxicas, a menudo utilizando prisioneros como sujetos de prueba. Estos experimentos incluyeron la administración de venenos para estudiar sus efectos y la búsqueda de métodos para hacer que los venenos fueran indetectables en las autopsias. Su trabajo estaba en línea con los esfuerzos de la Unión Soviética para desarrollar técnicas de asesinato sigilosas durante la época estalinista.

Entre los venenos que se emplearon durante el periodo negro de Marianovski estaba el gas mostaza, la digitoxina, la ricina y el talio. Probó todo tipo de sistemas de inoculación de venenos, mezclados con alimentos, impregnados en balas, en inyecciones percutáneas... Incluso diseñó una carta venenosa, que al abrirla esparciera un veneno. Marianovski, que era de origen judío, fue detenido en una purga en 1951. Pasó diez años encarcelado y, según parece, Nikita Jrushchov ordenó su asesinato. Murió de una sorpresiva insuficiencia cardíaca provocada por algún tipo de sustancia tóxica.

El Laboratorio 1 fue rebautizado en 1953 como Laboratorio 12. Y en 1978, se amplía y se convierte en un centro con dependencia directa del KGB. Ese mismo año se produce el asesinato de Georgi Markov, y durante la década siguiente se desarrollan de forma secreta los agentes Novichok, unos compuestos organofosforados neurotóxicos que se emplearon sin éxito recientemente para intentar asesinar al exespía Sergei Skripal, en 2018, y al opositor del régimen ruso de Vladimir Putin, Alekséi Navalny, en agosto de 2020. Estos compuestos químicos ultrasecretos, junto con uno de los crímenes más mediáticos de este siglo y que implica a una sustancia radiactiva, serán los protagonistas del siguiente capítulo.

DEL POLONIO A LOS AGENTES NOVICHOK

El asesinato de Aleksandr Litvinenko en 2006 fue un caso que conmocionó al mundo por su espectacularidad y sus implicaciones geopolíticas. Litvinenko, exoficial de los servicios de inteligencia rusos (FSB y su predecesor, el KGB), huyó de Rusia y obtuvo asilo político en el Reino Unido. Lo hizo por sus críticas al presidente ruso Vladimir Putin y sus denuncias contra el gobierno ruso, incluyendo acusaciones de corrupción y de estar detrás de ataques atribuidos a chechenos, como el de Moscú en septiembre de 1999. Además, Litvinenko colaboró con las inteligencias británica y española, compartiendo información sobre la mafia rusa y sus conexiones con el gobierno ruso.

El 1 de noviembre de 2006, Litvinenko se reunió en el Pine Bar del Millennium Hotel en Londres con dos exoficiales del KGB, Andrei Lugovoi y Dmitry Kovtun. Esa tarde, tras tomar té en el hotel, Litvinenko empezó a sentirse mal, presentando síntomas como vómitos y diarrea sanguinolenta, y fue hospitalizado el 3 de noviembre. En el hospital, Litvinenko manifestó su convicción de haber sido envenenado y acusó directamente a Putin de estar detrás del ataque.

Las investigaciones revelaron que la causa de su enfermedad era el polonio-210, un isótopo radiactivo altamente tóxico. Este compuesto emite grandes cantidades de partículas alfa, difíciles de localizar con detectores de radiación comunes, lo que explicaba los resultados iniciales negativos en las pruebas de radiación. El polonio-210 fue identificado por casualidad por un científico que había trabajado en el programa de bombas atómicas británico, reconociendo la señal de rayos gamma característica del polonio-210.

Se descubrió que el polonio había sido administrado en el té que Litvinenko bebió en el hotel. Las investigaciones mostraron que hubo intentos previos de envenenamiento por parte de Lugovoi y Kovtun, quienes dejaron rastros de polonio en más de 40 lugares dentro y fuera de Londres, incluidos intentos fallidos en un restaurante de sushi y en el mismo hotel antes del ataque final. El comportamiento de los sospechosos sugirió que no eran plenamente conscientes de que estaban manejando un veneno radiactivo. El polonio-210 emite radiación alfa, una forma de radiación ionizante compuesta por partículas alfa (núcleos de helio). Esta radiación tiene un alcance muy corto en el aire y no puede penetrar la piel humana. Sin embargo, si el polonio-210 se ingiere, inhala o entra al cuerpo a través de una herida abierta, sus partículas alfa pueden interactuar directamente con los tejidos vivos con un poder de destrucción terrible.

Durante su estancia en el hospital, Litvinenko empeoró rápidamente, con la pérdida de cabello y un marcado declive en su salud general, síntomas compatibles con el envenenamiento por radiación aguda. Las imágenes de su deterioro dieron la vuelta al mundo. Murió tres semanas después de su envenenamiento. Las autoridades británicas rastrearon el origen del polonio hasta llegar a una planta de energía nuclear en

Tumba de Alexander Litvinenko. Cementerio de Highgate,
Londres, Reino Unido.

Rusia. A pesar de las demandas del Reino Unido para interrogar a los implicados, Rusia se negó a extraditar a Lugovoi, citando su Constitución, que prohíbe la extradición de ciudadanos rusos.

Este caso fue muy sonado en su momento y se sigue citando en la actualidad, dado lo insólito en cuanto al tipo de veneno, e incluso se ha llevado al cine en dos ocasiones. En 2023 se estrenó en España una miniserie británica de cuatro episodios titulada *Litvinenko*, con David Tennat (conocido por interpretar al Dr. Who) en el papel del malogrado Alexander.

Aunque puedan parecerlo, los agentes Novichok no son el nombre de unos agentes secretos rusos sacados de una novela de John le Carré. Ojalá. En realidad, se trata de una serie de agentes químicos nerviosos muy tóxicos sintetizados por la Unión Soviética en la década de 1970.

Novichok, en ruso «recién llegado», no es una única sustancia, sino un grupo de unos cien compuestos organofosforados que presentan una estructura química muy parecida a la serie V, desarrollados en Reino Unido en 1952. El más conocido es el denominado como VX, implicado en el asesinato de Kim Jong-nam, hermanastro del presidente de Corea del Norte. Seguro que lo recuerdan. Dos chicas se acercaron a él mientras esperaba un vuelo en el aeropuerto malayo de Kuala Lumpur, le colocaron un pañuelo en la cara impregnado en VX y falleció a las pocas horas.

La escasa información que tenemos sobre los agentes Novichok se la debemos a Vil Mirzayanov, un científico ruso especialista en armas químicas, que en 1992 publicó un artículo en una revista rusa relatando sus investigaciones en el desarrollo de agentes neurotóxicos durante la Guerra Fría.

La estructura química de esta serie de compuestos no se conoce con total exactitud. Algunos son compuestos binarios, donde dos componentes se mezclan para formar un tercero, que es el que presenta la actividad más tóxica. Actúan como inhibidores de la acetilcolinesterasa, una enzima crucial para la transmisión de señales en las uniones neuromusculares. En estas uniones, las neuronas secretan acetilcolina, un neurotransmisor que es captado por receptores en la célula muscular, provocando su contracción. Es esencial descomponer este neurotransmisor tras cumplir su función. De lo contrario, la acumulación de acetilcolina en la sinapsis provoca una activación muscular constante y no deseada.

En marzo de 2018, Sergei Skripal, un exagente de inteligencia militar ruso, y su hija Yulia fueron víctimas de un intento de asesinato en Salisbury, Reino Unido, mediante el uso del agente nervioso Novichok A234. Al parecer el Novichok estaba en un frasco de perfume en casa de los Skripal. Sergei y su hija fueron encontrados inconscientes en un banco público y se les diagnosticó envenenamiento por un agente nervioso organofosforado. A pesar de la gravedad de su estado, ambos sobrevivieron tras un tratamiento intensivo en el hospital de Salisbury.

Pocos días después, Andrey Lugovoy, en aquel momento diputado de la Duma Estatal de Rusia y uno de los presuntos asesinos de Aleksandr Litvinenko, dijo lo siguiente en una entrevista para un periódico de Moscú: «Algo les pasa constantemente a los ciudadanos rusos que huyen de la justicia rusa, o que por alguna razón eligen para sí mismos una forma de vida traicionando a su patria. Así que cuanto más acepte Gran Bretaña a toda esa escoria de todas partes del mundo, más problemas tendrán». Sobran las palabras... en todos los sentidos.

También se utilizaron los agentes Novichok en el atentado contra Alekséi Navalny, un destacado activista y opositor del gobierno de Vladimir Putin. En agosto de 2020, durante un vuelo de Tomsk a Moscú, Navalny enfermó de forma repentina. La gravedad de su estado requirió un aterrizaje de emergencia en Omsk, donde fue hospitalizado y puesto en coma preventivo. Posteriormente, fue evacuado al hospital Charité en Berlín, Alemania. Las pruebas realizadas por cinco laboratorios certificados por la Organización para la Prohibición de las Armas Químicas (OPCW) confirmaron que Navalny había sido envenenado con un inhibidor de colinesterasa del grupo Novichok, encontrado en su sangre, orina, muestras de piel y en una botella de agua que había usado. Este tipo de Novichok era una nueva variante no identificada previamente.

En diciembre de 2023 Alekséi Navalny fue encarcelado en una prision del Ártico ruso para cumplir una condena de treinta años por delitos que se han cuestionado por organismos judiciales internacionales independientes. Falleció en esta prisión, en febrero de 2024, en extrañas circunstancias.

Talio a discreción

El talio, con el número atómico 81, es considerado como uno de los elementos químicos más letales de la tabla periódica y sus sales son un componente clásico de insecticidas y raticidas. Su forma peligrosa es el catión talio (Tl+), que actúa de manera similar al catión potasio (K+), crucial para la transmisión de impulsos nerviosos y otras actividades celulares. Con una carga y tamaño comparables, el talio ingresa al cuerpo con la misma facilidad que el potasio, alcanza la mayoría de los tejidos y se acumula sobre todo en los huesos. Esta perturbación en los procesos metabólicos dependientes del potasio daña el sistema nervioso y muscular y provoca la pérdida de cabello al afectar a los folículos. Además, su afinidad con el azufre interfiere con el funcionamiento de vitaminas importantes como la B1 (tiamina) y B2 (riboflavina), esenciales para el metabolismo energético del cuerpo. La dosis letal en adultos es de 800 mg de talio.

Curiosamente, para contrarrestar la intoxicación por talio se puede utilizar el ferrocianuro de hierro (III), nuestro amigo el azul de Prusia. Este compuesto también se empleó en el tratamiento de individuos expuestos a contaminación radiactiva. Administrando una dosis elevada de azul de Prusia por vía oral y de forma controlada, se consigue que se una al talio, facilitando su eliminación a través del sistema digestivo.

La capacidad del talio para causar daños graves y a menudo fatales, sin dejar rastros obvios, lo ha convertido en una herramienta siniestra tanto en narrativas ficticias como en trágicos eventos del mundo real.

Al talio lo conocemos desde el capítulo dedicado a Agatha Christie, donde aparece en *El misterio de Pale Horse* (1961). La descripción de la intoxicación por sales de talio no fue exclusiva de la adorable Agatha, porque aparece también en el libro *Final Curtain* (1947), de Ngaio Marsh. La leyenda negra de este elemento ha llegado tan lejos que incluso se ha afirmado que el talio de Christie pudo haber inspirado los atroces delitos de Graham Young, apodado como «el envenenador de la taza de té». Sin embargo, esta afirmación tan intrigante nunca ha sido confirmada.

Graham Frederick Young fue un asesino en serie británico, famoso por su uso del talio como el veneno de sus fechorías. Desde joven, mostró fascinación por los tóxicos, comenzando a envenenar a su familia y amigos de la escuela alrededor de 1961. Quizá esta coincidencia con la fecha de publicación de *El misterio de Pale Horse* sea la causa del mito que relaciona a ambos. Entre sus primeras víctimas estaban su madrastra, quien sufrió graves síntomas gastrointestinales, y su padre y hermana, que también enfermaron. Young, con un conocimiento avanzado en química y venenos, consiguió talio de una farmacia local, fingiendo ser mayor de edad. Fue detenido con 14 años, después de que un profesor sospechara y contactara con la policía, siendo internado en el Hospital Broadmoor. Liberado en 1971, Young consiguió trabajo en una fábrica en Bovingdon, Hertfordshire, donde resolvía sus desavenencias laborales envenenando a sus compañeros de trabajo.

Su primera víctima mortal en esta empresa fue su supervisor directo, que falleció por los efectos de una dosis letal de acetato de talio añadida en su té. La autopsia no pudo identificar la causa de su muerte dado que no se consideró la posibilidad de envenenamiento. Young envenenó a otros compañeros, llegando a provocar la muerte de uno de ellos. Tantas intoxicaciones en tan poco tiempo y la soberbia de Young, que alardeaba de sus conocimientos de toxicología delante de todo el mundo, levantaron las sospechas de su compañera Diana Smart, que se lo comunicó a la policía. Las pruebas condujeron a su arresto el 21 de noviembre de 1971. Cuando fue detenido, los agentes de Scotland Yard encontraron en su casa un diario donde Young registraba meticulosamente cada dosis de veneno que suministraba, la persona que lo recibía y los efectos fisiológicos que les producía a cada una de sus víctimas.

Graham Frederick Young fue juzgado y condenado por dos asesinatos y dos intentos de asesinato en 1972; cumplió la mayor parte de su cadena perpetua en la Prisión HM Parkhurst, donde murió de un ataque cardíaco en 1990. En una historia como esta no podía faltar su adaptación al cine y en 1995 se estrenó la película *The Young Poisoner's Handbook*, pero por algún motivo no llegó a España.

En 2011, Tianle Li, quien trabajaba como química en la empresa biofarmacéutica multinacional Bristol-Myers Squibb en Nueva York, fue arrestada por el asesinato de su esposo en medio de su proceso de divorcio. Li presuntamente envenenó a su esposo con talio de forma crónica, administrando dosis moderadas durante un largo periodo de tiempo. Dada su profesión, Li tenía acceso directo a las sales de talio de su laboratorio. Lo más extraño es que, con su conocimiento especializado, eligiera un veneno como el talio, del que se sabe que es muy fácil de detectar mediante técnicas de espectroscopia atómica. En la actualidad, Tianle Li está cumpliendo una sentencia de cadena perpetua en una prisión del condado de Middlesex, Nueva Jersey.

El uso de talio por parte de Saddam Hussein es un tema que ha sido mencionado en varios informes y discusiones sobre armas químicas y tácticas de guerra. Aunque todo lo relacionado con los crímenes de Hussein debe tomarse con cautela, sí que parece demostrado que Abdullab Alí, un disidente que residía exiliado en Londres, fue envenenado en 1988 tras cenar en el restaurante Cleopatra de Notting Hill Gate con un grupo de iraquíes que también resultaron afectados. Y el caso del disidente chií Majidi Jehad, que después de tomar un zumo de naranja en una comisaría de Bagdad falleció pocos días después en Londres. Las autopsias confirmaron el talio como el causante del envenenamiento en los dos casos.

El plan para asesinar a Fidel Castro utilizando talio es uno de los muchos intentos de la CIA para acabar con el líder cubano, reconocidos por la propia agencia al desclasificar documentos hasta entonces secretos en 2007. Este plan pretendía causar la pérdida del cabello de Castro, incluyendo su icónica barba, debilitando así su imagen ante sus seguidores antes de su previsible muerte posterior por el envenenamiento. Las razones por las cuales este plan nunca se ejecutó se desconocen.

El talio aparece en la ficción en películas y series. En *Spectre* (2015), la vigesimocuarta película de James Bond, el talio se utiliza para envenenar a un personaje mediante el contacto con su teléfono móvil. En la película de suspense *Edge of Darkness* (2010), con Mel Gibson como protagonista, se utiliza una sal de talio para envenenar al personaje principal y a su hija. Y en la serie *House M. D.* hay un episodio donde un personaje utiliza el talio para envenenar a un paciente y simular los efectos de la polio. El sagaz Dr. House descubre finalmente el envenenamiento, suponemos que tras descartar que fuera lupus.

Venenos lisérgicos

La frontera entre los efectos alucinógenos de una sustancia y su utilización como veneno, al depender de dosis difíciles de controlar, no resulta fácil de delimitar. Quién nos dice que detrás de una aparente muerte accidental por un «mal viaje» no está un crimen por envenenamiento. Estas sustancias han jugado un papel significativo en diversas culturas y sociedades, no solo por sus efectos psicoactivos, sino también por sus implicaciones en rituales, medicina, religión y arte.

Desde tiempos antiguos, el ser humano ha explorado el mundo natural en busca de plantas o animales con sustancias que alteren la percepción, la conciencia y la experiencia sensorial. En muchas culturas antiguas, estas sustancias eran vistas como puentes hacia los reinos espirituales o medios para comunicarse con los dioses. Por ejemplo, en las prácticas chamánicas de Siberia y América del Norte, se usaban hongos y otras plantas para inducir visiones y viajes espirituales.

Uno de los ejemplos más conocidos de sustancias alucinógenas en la antigüedad –y que pervive en la actualidad– es el uso del peyote, un cactus que contiene un alucinógeno potente que provoca alteraciones en la percepción, el pensamiento y el estado de ánimo: la mescalina. Asimismo, en Mesoamérica, las civilizaciones precolombinas utilizaban hongos psilocibios, conocidos como «carne de los dioses», en sus rituales religiosos y ceremonias.

En Europa, durante la Edad Media y el Renacimiento, el uso de sustancias alucinógenas se asociaba a menudo con la brujería y el ocultismo. Plantas como la belladona, el beleño y la mandrágora, todas con propiedades alucinógenas y potencialmente letales, fueron utilizadas en pociones y ungüentos. Estas plantas contienen alcaloides como la atropina y la escopolamina, que pueden provocar delirios y alucinaciones.

En el siglo XX, el descubrimiento y la síntesis de nuevas sustancias psicodélicas, como el LSD, abrieron un nuevo capítulo en la historia de los alucinógenos. El LSD, descubierto por Albert Hofmann en 1938, tuvo un impacto significativo en la cultura y la sociedad, especialmente durante los años 60 y 70. Fue adoptado por movimientos contraculturales, artistas y músicos, y provocó un gran interés en el estudio de la conciencia y la psicoterapia.

LSD es la abreviatura del alemán *Lyserg Säure-Diäthylamid* y, siendo rigurosos, su expresión correcta debería ser la de LSD-25 debido a su posición en una serie de 26 derivados sintéticos del cornezuelo *(Claviceps purpurea),* el hongo sobre el que Hofmann estaba investigando. Esta droga semisintética tiene efectos alucinógenos y actúa en el cerebro interfiriendo con el neurotransmisor serotonina. Aunque ha habido discusiones sobre los efectos y beneficios del LSD, los riesgos asociados a su uso suelen superar las supuestas ventajas.

Como ejemplo de sus efectos destructivos, nos encontramos con el de Syd Barrett, cantante y compositor de la banda Pink Floyd, cuyo abuso del LSD agravó sus problemas mentales llevándolo a la oscuridad de la esquizofrenia.

En los años gloriosos del LSD fueron muchos los artistas, músicos, cineastas, escritores e intelectuales que flirtearon con las propiedades de esta droga, en parte animados por los escritores Timothy Leary y Aldous Huxley, los primeros apóstoles del consumo del LSD como medio de liberación de la mente.

El uso del LSD con una finalidad creativa se extendió por el mundo de la cultura y la contracultura de aquellos años con la promesa del éxtasis intelectual y el éxito. También en el mundo de la ciencia, con ejemplos como el del premio nobel Kary Mullis, descubridor de la técnica de reacción en cadena de la polimerasa (PCR), que agradecía su creatividad científica al consumo de LSD. Ya lo dijo antes el matemático y divulgador Jacob Bronowski: «Los descubrimientos de la ciencia y las obras de arte son más que una exploración; son explosiones de velada semejanza»; así que no debe extrañarnos que algunos científicos exploraran, o en este caso explotaran, esa ruleta rusa de la cordura que eran, y siguen siendo, las drogas psicodélicas.

Tampoco el genial físico Richard Feynman se ha escapado al mito del LSD. Como cuenta en su libro autobiográfico *¿Está usted de broma, Sr. Feynman?*, fue invitado por el neurocientífico John C. Lilly, creador del tanque de aislamiento sensorial, para probar su invento y parece ser que Feynman necesitó algo de ayuda en forma de ketamina o LSD. En todo caso, el consumo de Feynman sería más de una forma lúdica que relacionado con su creación científica, que fue anterior a sus experiencias con las drogas.

Lo que sí está más documentado es que inventores como Douglas Engelbart, el creador del ratón de ordenador, o Steve Jobs, fundador de Apple, fueron consumidores habituales de LSD. De hecho, Jobs afirmó que su experiencia con LSD fue «una de las dos o tres cosas más importantes que he hecho en mi vida».

Richard Feynman en 1959. Anuario del Instituto de Tecnología de California.

Desde aquella tarde en Suiza cuando Hofmann tuvo su viaje hasta la actualidad, el LSD y otras drogas psicodélicas han tenido sus luces (pocas) y sus sombras (muchas), pero creer que con el atajo de las drogas se aceleran los descubrimientos científicos simplemente demuestra una tremenda ignorancia del proceso y la investigación científica actual. También la ignorancia es un veneno.

LA PINACOTECA DE LOS VENENOS

El universo de las obras pictóricas está repleto de escenas históricas y simbólicas, y entre estos, el tema de los venenos, ponzoñas y tóxicos ha ocupado un lugar destacado. Desde las obras más antiguas hasta las contemporáneas, artistas de todas las épocas han inmortalizado leyendas, eventos de la historia, personajes de la literatura o de la cultura popular. En este capítulo mencionaremos algunas de ellas, desde representaciones mitológicas hasta retratos realistas. Espero que les gusten y las observen con una mirada renovada, cuando se las encuentren en algún museo, libro o en Internet, tras la lectura de este libro.

Cleopatra probando venenos en los condenados a muerte, de Alexandre Cabanel (1887): Este óleo representa a Cleopatra, la última faraona de Egipto, observando cómo los venenos actúan en unos prisioneros. El cuadro resalta tanto la curiosidad de Cleopatra por los efectos de los venenos como la frialdad con la que observa la muerte. Puede verse en el Museo de Bellas Artes de Amberes.

La muerte de Sócrates (1787), de Jaques Louis David: Esta pintura representa un momento dramático, el de los últimos instantes de la vida del filósofo griego Sócrates, condenado a muerte con cicuta. La escena se desarrolla con un Sócrates ro-

La muerte de Sócrates, de Jacques-Louis David, 1787.
Museo Metropolitano de Arte de Nueva York.

deado de sus discípulos y amigos que se mantiene firme en su decisión de aceptar la sentencia impuesta por el tribunal de la ciudad. Puede admirarse en el Museo Metropolitano de Arte de Nueva York.

Hécate, de William Blake (1795): En la Galería Tate de Londres podemos contemplar esta inquietante obra, donde Blake representa a Hécate, la diosa griega asociada con la magia, los hechizos y, por extensión, los venenos. La pintura muestra a Hécate en un entorno místico, rodeada de símbolos oscuros y alusivos a sus poderes, incluidos los venenosos.

La muerte de Sofonisba (1760), de Giambattista Tiepolo: En el Museo Thyssen-Bornemisza de Madrid podemos ver este pequeño lienzo que representa un tema recurrente en la pintura desde el siglo XVII, el envenenamiento de Sofonisba, hija del general cartaginés Asdrúbal, tras preferir tomar una copa de veneno antes que ser entregada a Roma como prisionera.

La muerte de Chatterton (1856), de Henry Wallis: Representa una escena conmovedora, la del joven poeta británico Thomas Chatterton, pionero del Romanticismo, que con solo 17 años es hallado sin vida después de suicidarse con arsénico. Se exhibe en la Galería Tate de Londres.

La muerte de Séneca (1871), de Manuel Domínguez Sánchez: Este cuadro que puede verse en el Museo del Prado captura un momento dramático y crucial en la historia romana. La pintura representa el suicidio forzado de Lucio Anneo Séneca, el destacado filósofo, político y tutor del emperador Nerón. En la historia, Nerón, que se había vuelto cada vez más paranoico y desconfiado, ordenó a Séneca que se quitara la vida tras acusarlo falsamente de conspirar en su contra. Séneca, conocido por sus enseñanzas estoicas, enfrentó su destino con una calma y dignidad notables. Según algunas versiones históricas, Séneca intentó primero envenenarse con cicuta como medio para cumplir con la orden de suicidio. Sin embargo, debido a su avanzada edad y posiblemente a un mal cálculo de la dosis letal, el veneno no surtió un efecto rápido. Esto lo llevó a adoptar un método más directo y doloroso, cortándose las venas. La pintura de Domínguez Sánchez transmite la serenidad y la resignación de Séneca ante su destino. Muestra a Séneca en un baño, según la tradición histórica, intentando acelerar su muerte a través de la pérdida de sangre. Su gesto y postura reflejan la filosofía estoica del enfrentamiento a la muerte con ecuanimidad. Alrededor de él, las expresiones de sus discípulos y allegados varían desde la profunda tristeza hasta el respeto y la admiración por su valentía.

San Juan Bautista en meditación (1489), de El Bosco: La relación con los venenos de este óleo sobre tabla viene de la aparición en primer plano de una planta con un fruto que se asemeja a los de la mandrágora, según la información del Museo Lázaro Galdiano de Madrid donde se exhibe. Aunque lo más probable es que este fruto, más grande de lo normal, se pintara para tapar la cabeza de otro personaje de la escena, quizá un donante que no pagó al pintor o no quedó satisfecho con el resultado final.

La muerte de Cleopatra (1874), de Jean-André Rixens: Este cuadro, uno de tantos con el mismo motivo, presenta a una Cleopatra agonizante en su cama, junto a su esclava Iris que yace muerta a sus pies y Charmión sentada junto a ella. En el suelo se observa una cesta con higos de la que sale un áspid o cobra egipcia. Se encuentra en el Museo de los Agustinos de Toulouse, en Francia.

Circe ofreciendo la copa a Odiseo (1891), de John William Waterhouse: Circe prepara una copa que contiene una bebida mágica a los compañeros de Ulises para convertirlos en cerdos. Sin embargo, gracias a una advertencia previa de Hermes, Ulises consigue engañar a la hechicera y superar su trampa. La pintura es una muestra destacada de la habilidad compositiva y la precisión del prerrafaelita Waterhouse, reflejando fielmente el espíritu de la *Odisea*. Puede verse en la Galería Oldham, en Oldham, Reino Unido.

Medea (1868), de Frederick Augustus Sandys: Muestra a Medea, sobrina de Circe, con una expresión de enajenación en su rostro mientras prepara una pócima para envenenar a Teseo.

Medea, de Frederick Augustus Sandys, 1868.

Este óleo sobre lienzo puede admirarse en el Museo y Galería de Arte de Birmingham, en Reino Unido.

La muerte de Eurídice (1630), de Erasmus Quellinus II: En esta obra que se encuentra en el Museo del Prado, pero no está expuesta, podemos ver a una agonizante Eurídice siendo sujetada por Orfeo, tras sufrir la mordedura mortal de una serpiente en su tobillo.

Hay muchos más ejemplos, pero no podemos terminar sin mencionar el mundo del cómic, el noveno arte, con centenares de apariciones de venenos, envenenadores y envenenados en sus páginas ilustradas. Mención especial para Hiedra venenosa (Poison Ivy) y sus múltiples versiones artísticas dibujada por los mejores autores. Hiedra Venenosa, cuyo nombre real es Pamela Lillian Isley, es un personaje ficticio de DC Comics, comúnmente asociada con Batman. Creada por Robert Kanigher y Sheldon Moldoff, apareció por primera vez en Batman #181, en 1966. Es una botánica de Gotham City (originariamente de Seattle), obsesionada con las plantas, la extinción ecológica y el ecologismo. Inicialmente una supervillana, en versiones más recientes ha sido retratada como una antiheroína. Tras ser tratada por el científico Jason Woodrue, Isley adquirió inmunidad a venenos, virus y bacterias, además de habilidades como las de controlar plantas y usar venenos letales.

EL TRIUNFO DE LA QUÍMICA

Antes de que la química inaugurara la toxicología forense con la prueba de Marsch, era complicado demostrar de forma inequívoca que una muerte se debía a un envenenamiento intencionado. Hoy en día, ante la menor sospecha de envenenamiento criminal, los químicos forenses, con su arsenal de pruebas y equipos, pueden detectar sustancias en la sangre o tejidos en cantidades mínimas, inferiores a la mil millonésima parte de un gramo.

Los equipos de toxicología forense saben qué moléculas buscar en casos de una muerte sospechosa. Hoy en día, con técnicas avanzadas como la cromatografía y la espectrometría de masas, es posible identificar incluso pequeñas cantidades de toxinas en cualquier órgano. Los asesinatos por envenenamiento son raros en la actualidad, pero la ciencia forense sigue evolucionando para detectarlos eficazmente.

La finalidad para la que se utilizan las sustancias tóxicas también ha evolucionado. De la eliminación de rivales políticos, asesinatos pasionales, uso genocida o como agentes en guerras, se ha llegado a un punto en el que se pretende matar en un grado extremo de crueldad a modo de advertencia, como en el caso Litvinenko, buscando la máxima eficacia con el menor rastro posible, con los agentes Novichok, aunque con poco éxito, por fortuna. El sueño de un envenenador es el de conseguir una ponzoña que no deje rastro. A lo largo de todos los años que llevo hablando sobre los venenos y su historia, siempre me preguntan lo mismo al final de cada charla: ¿Existe algún veneno que sea indetectable? Les confieso que escuchar esa pregunta me inquieta y suelo recordar la cara de quien la hace. Me preocupa que mis conocimientos puedan proporcionar un uso maligno. Y siempre digo al comienzo de esas charlas que lo que aprendan en ellas no lo practiquen en casa... que lo hagan en la casa de otro.

Llegados a este punto, les ofrezco a continuación a modo de epílogo, un listado completo de venenos indetectables. Ahí tienen el poder de la química como conclusión. Y su triunfo.

EPÍLOGO: LISTADO DE VENENOS INDETECTABLES

[La página anterior está intencionadamente en blanco. En caso de que existan este tipo de venenos, no los conocemos.]

BIBLIOGRAFÍA

A is for Arsenic: The Poisons of Agatha Christie, Kathryn Harkup, Bloomsbury Publishing, Londres, 2015.

Alan Turing en Cartagena, Daniel Torregrosa, *Diario la Verdad,* Murcia, 2021.

Alexander the Great: Murder in Babylon, Graham Phillips, Virgin Books, Londres, 2004.

¿De qué se alimentan los zombis?, Joe Schwarcz, Editorial Ma Non Troppo, Barcelona, 2009.

Death by Shakespeare, Kathryn Harkup, Editorial Bloomsbury, Londres, 2022.

Del mito al laboratorio, Daniel Torregrosa, Menoscuarto Ediciones, Palencia, 2018.

Directo al paladar, Eduardo Bazo, Editorial Cálamo, Palencia, 2021.

Drogas alucinógenas en las culturas mesoamericanas precolombinas, FJ Carod-Artal, Sociedad Española de Neurología, Barcelona, 2011.

El fin de un mito: causas clínicas de la muerte de Fernando el Católico, Jaime Elipe y Beatriz Villagrasa, Studium, *Revista de Humanidades,* Zaragoza, 2020.

El libro de los venenos, Dioscórides, Editorial Mármara, Madrid, 2019.

El veneno en el arte, Olga Marqués, Momento Médico Iberoamericana, Madrid, 2013.

El veneno en la historia, Roberto Pelta Fernández, Editorial Espasa, Madrid, 1997.

Entre venins, José R. Bertomeu y Carmel Ferragud, Edicions Bromera, Valencia, 2023.

Eso no estaba en mi libro de historia de la química, Alejandro Navarro Yáñez, Editorial Guadalmazán, Córdoba, 2019.

Gelsemium as a Poison, Doyle, a. C., *British Medical Journal,* 1879.

Historia del arsénico, Guiomar Calvo, Editorial Almuzara, Córdoba, 2021.

Historia del veneno, Adela Muñoz Páez, Editorial Debate, Barcelona, 2012.

Historia romana, Lucio Dion Casio, Biblioteca Clásica Loeb, Cambridge, 1914.

La ciencia de Sherlock Holmes, James F. O'Brien, Editorial Crítica, Barcelona, 2013.

La ciencia en la sombra, J. M. Mulet, Ediciones Destino, Barcelona, 2016.

La cuchara menguante, Sam Kean, Editorial Ariel, Barcelona, 2011.

La mosca española, José Ramón Alonso, *Revista Jot Down,* Sevilla, 2016.

Medicina legal y toxicológica, Enrique Villanueva Cañadas (editor), Elsevier España, Madrid, 2018.

Memorias antes del exilio, Félix F. Yusúpov, Alba Editorial, Barcelona, 2011.

Mitología clásica, Antonio Ruiz de Elvira, Editorial Gredos, Madrid, 1975.

Monos, mitos y moléculas, Joe Schwarz, Editorial Pasado & Presente, Barcelona, 2015.

More molecules of murder, John Emsley, Royal Society of Chemistry, Londres, 2017.

Por qué los girasoles se marchitan, Oskar Mendia, Menoscuarto Ediciones, Palencia, 2020.

Puro veneno, Roberto Pelta Fernández, La esfera de los libros, Madrid, 2023.

Química asombrosa, Daniel Torregrosa, Editorial Pinolia, Madrid, 2023.

Rasputín: The biography, Douglas Smith, Palgrave Macmillan, Londres, 2017.

The elements of murder, John Emsley, Oxford University Press, Oxford, 2020.

The history of poisoning: from ancient times until modern ERA, Eugenie Nepovimova y Kamil Kuca, Springer Nature, Nueva York, 2018.

Toxicología fundamental, Manuel Repetto, Editorial Díaz de Santos, Madrid, 2009.

Tóxicos. Los enemigos de la vida, Raimon Guitart, Universidad Autónoma de Barcelona, Barcelona, 2014.

Tóxicos: pasado y presente, José Ramón Bertomeu Sánchez, Icaria Editorial, Barcelona, 2021.

Un científico en el supermercado, José M. López Nicolás, Editorial Planeta, Barcelona, 2019.

Venenos, armas químicas de la naturaleza, Juan Luis Cifuentes y Fabio Germán Cupul, Fondo de Cultura Económica, México D. F., 2013.

AGRADECIMIENTOS

En el momento de cerrar este pequeño viaje a través de la historia y la ciencia de los venenos, me asalta una profunda gratitud hacia todas las personas que han contribuido a hacer de este libro una realidad.

En primer lugar, deseo expresar mi más sincero agradecimiento a José Ramón Alonso, director de la colección Arca de Darwin, y a José Ángel Zapatero, editor de Menoscuarto. Ambos han sido los principales responsables, con sus ánimos, correcciones, consejos y paciencia, de que ahora tengan este libro en sus manos. Mil gracias, amigos.

Un especial reconocimiento merece el equipo editorial y de diseño del sello Menoscuarto, con las correcciones profesionales de Beatriz Escudero a la cabeza. Ejerce la corrección de textos no solo como una tarea, sino como una misión para alcanzar la perfección en cada línea y palabra, algo que ya comprobé con mi libro *Del mito al laboratorio* y que no pude agradecerle públicamente en su día. Gracias.

No puedo dejar de mencionar a dos de mis referentes en el ejercicio de la escritura y visión de la divulgación: José M. López Nicolás y Carlos Briones, que junto con José Ramón Alonso cierran un triángulo perfecto. Sus sugerencias, ánimos, críticas constructivas y apoyo incondicional han enriquecido este proyecto de manera inestimable. Su aliento en los momentos de duda y su celebración en los de éxito han sido esenciales para mantener la motivación y el enfoque a lo largo de este camino. Sois los mejores.

Deseo expresar mi más profundo agradecimiento a mi familia. Su amor, comprensión y apoyo inquebrantable han sido el faro que me ha guiado en los momentos más desafiantes de esta aventura. A ellos les debo la motivación más profunda de esta obra y de todas las energías que vuelco en el mundo de la divulgación científica *amateur*. Yolanda, Diana y Dani, este libro es vuestro.

Y a todos y cada uno de mis queridos lectores, mi más sincera gratitud final. Espero que juntos sigamos explorando los fascinantes rincones de la historia y la ciencia que aún quedan por descubrir. Lo mejor siempre está por venir.